主　编　洪惠明

新能源概述

职业技能培训丛书

浙江省职业技能教学研究所　组织编写

Zhiye Jineng
Peixun
Congshu

浙江科学技术出版社

本册主编　洪惠明

执行主编　徐　炜　陈甫林

编写人员　徐　炜　陈甫林　沈　斌

前言

QIANYAN

职业培训是提高劳动者技能水平和就业、创业能力的主要途径。大力加强职业培训工作,建立健全面向全体劳动者的职业培训制度,是实施扩大就业的发展战略,解决就业总量矛盾和结构性矛盾、促进就业和稳定就业的根本措施;是贯彻落实人才强国战略,加快技能人才队伍建设,建设人力资源强国的重要任务;是加快经济发展方式转变,促进产业结构调整,提高企业自主创新能力和核心竞争力的必然要求;也是推进城乡统筹发展,加快工业化和城镇化进程的有效手段。为切实贯彻落实全国、全省人才工作会议精神和《国务院关于加强职业培训促进就业的意见》、《浙江省中长期人才发展规划纲要(2010—2020年)》,切实加快培养适应我省经济转型升级、产业结构优化要求的高技能人才,带动技能劳动者队伍素质整体提高,浙江省人力资源和社会保障厅规划开展了职业技能培训系列教材的建设和开发,由浙江省职业技能教学研究所负责组织编写。该系列教材的第一批教材共20册,主要包括太阳能利用、机械制造、电工电子、计算机与网购以及伞、钮扣、龙井茶制作和农家乐经营管理等地方支柱产业、新兴产业以及特色产业方面的培训教材。该系列教材根据职业技能培训的目的要求,突出技能特点,便于各地开展农村劳动力转移技能培训、农村预备劳动力培训等就业和创业培训,以及企业职工及企业生产管理人员提升劳动力素质培训,也可以作为技工院校培养技能人才的教材。

《新能源概述》一书的主要内容包括:能源、太阳能利用、新能源与社会进步三部分内容。其中,能源部分包括常规能源、新能源等;太阳能利用部分包括太阳能产品、太阳能产业等;新能源与社会进步部分包括环境问题、新能源与经济发展、能源安全等。

本书由海宁市技工学校洪惠明担任主编，徐炜、陈甫林担任执行主编。全书共分五个单元，第一、三、四单元由徐炜编写，第二单元由陈甫林编写，第五单元由沈斌编写。

本书在编写过程中，得到了北京市新能源与可再生能源协会太阳能热利用专业委员会主任罗运俊的指导，得到了海宁市技工学校、浙江省太阳能产品质量检测中心的大力支持，在此一并表示感谢！由于时间紧迫，书中难免有不足之处，敬请读者批评指正！

浙江省职业技能教学研究所

2011 年 6 月

目录

CONTENTS

第一单元
能　源

教学目标

1. 了解能源的概念，掌握能源的分类。
2. 了解能源的更新，明确能源与国民经济及人民生活的关系。

能源是人类活动的物质基础，能源问题是21世纪永恒的话题。我们无法想象，在当今世界，如果汽车没有油、电器没有电，我们的生活会变成什么样子。人们的日常生活离不开能源。

课题一

能源的概念和种类

知识要点

1. 能源的概念
2. 能源的分类

人类社会的发展离不开优质能源的出现和先进能源技术的使用。能源的利用和环境问题，是全世界共同关心的问题，也是我国社会经济发展的重要问题。那么，什么是能源？能源又有哪些种类呢？

一、能源的概念

能源亦称能量资源或能源资源，是自然界中能为人类提供某种形式能量的物质资源。通常，凡是能被人类加以利用以获得有用能量的各种来源都可以称为能源。

> **想一想**
>
> 你家中所用到的能源有哪些？

换句话说，能源是指可产生各种能量（如热量、电能、光能和机械能等）或可做功的物质的统称，也指能够直接取得或者通过加工、转换而取得有用能的各种资源，包括煤炭、原油、天然气、煤层气、水能、核能、风能、太阳能、地热能、生物质能等一次能源和电力、热力、成品油等二次能源，以及其他新能源和可再生能源。

阅读材料

"能源"这一术语，过去人们谈论得很少，是两次石油危机使它成了人们议论的热点。能源是整个世界发展和经济增长最基本的驱动力，是人类赖以生存的基础。自工业革命以来，能源安全问题就开始出现。在全球经济高速发展的形势下，国际能源安全问题已上升到了国家的高度，各国都制定了以能源供应安全为核心的能源政策。在此后的 20 多年里，在稳定能源供应的支持下，世界经济规模取得了较快的增长。但是，人类在享受能源带来的经济发展、科技进步的同时，也遇到了一系列无法避免的能源安全挑战，能源短缺、资源争夺以及过度使用能源造成的环境污染等问题威胁着人类的生存与发展。

关于能源的定义，目前约有20种。例如，《科学技术百科全书》："能源是可从其获得热、光和动力之类能量的资源。"《大英百科全书》："能源是一个包括所有燃料、流水、阳光和风的术语，人类用适当的转换手段便可让它为自己提供所需的能量。"《日本大百科全书》："在各种生产活动中，我们利用热能、机械能、光能、电能等来做功，可利用来作为这些能量源泉的自然界中的各种载体，称为能源。"我国的《能源百科全书》："能源是可以直接或经转换提供人类所需的光、热、动力等任一形式能量的载能体资源。"可见，能源是一种呈多种形式的且可以相互转换的能量源泉。

二、能源的分类

自然界的一些自然资源本身就具有某种形式的能量，这些能量在一定条件下能够转换成人们所需要的能量形式，这些自然资源就是能源，如煤炭、石油、风能、太阳能、水能等。在生产和生活中，为了便于使用或运输，常常将能源经过一定的加工、转换，使之成为符合要求的能量形式，如煤气、电力、蒸汽、焦炭等。经过人类不断的开发与研究，更多新型能源已经能满足人类生产、生活的需求。

由于能源形式多样，因此通常有多种不同的分类方法，如按能源的来源、形成、使用分类，或从技术、环保等角度进行分类。不同的分类方法，可以从不同的侧面来反映各种能源的特征。

（一）按地球上的能量来源对能源进行分类

1. 来自地球外部天体的能源。人类现在使用的能量主要来自太阳能，故太阳有"能源之母"的称谓。人类所需能量的绝大部分都直接或间接地来自太阳。除直接利用太阳辐射的能源外，人类还大量间接地使用太阳能源。太阳能为风能、水能、生物能和矿物能源等的产生提供基础，如各种植物通过光合作用把太阳能转变成化学能在体内贮存下来；煤炭、石油、天然气等化石燃料也是由古代埋在地下的动、植物经过漫长的地质年代形成的，它们实质上是由古代生物积淀下来的太阳能。此外，水能、风能、波浪能、海流能等也都是由太阳能转换而来的。

2. 地球本身蕴藏的能量。通常指与地球内部热能有关的能源和与原子核反应有关的能源，如原子核能、地热能等。温泉和火山爆发喷出的岩浆是地热的表现。地球可分为地壳、地幔和地核三层,它是一个大热库。地壳就是地球表面的一层,一般厚度为几千米至 70 千米不等。地壳下面是地幔,它大部分是熔融状的岩浆,厚度约为 2900 千米,火山爆发一般是这部分岩浆的喷出。地球内部为地核,地核中心温度为 2000℃。可见,地球上的地热资源储量很大。

3. 地球和其他天体相互作用而产生的能量。主要是指地球和太阳、月球等天体间有规律运动而形成的潮汐能。海水每日潮起潮落各两次,这是月球引力对海水做功的结果。潮汐能蕴藏着极大的机械能,潮差常达十几米,非常壮观,是充足的发电原动力。

(二)按使用类型对能源进行分类

1. 常规能源。又称为传统能源,常规能源开发利用时间长,技术成熟,能大量生产并被广泛使用,包括一次能源中可再生的水力资源和不可再生的煤炭、石油、天然气等资源。

说一说

什么是常规能源?什么是新能源?

2. 新能源。又称为非常规能源或替代能源,是相对于常规能源而言的。新能源开发利用较少或正在研究开发中,包括太阳能、风能、地热能、海洋能、生物质能以及用于核能发电的核燃料等能源。由于新能源的能量密度较小,或品位较低,或有间歇性,按已有的技术条件转换利用的经济性尚差,还处于研究、发展阶段,因此只能因地制宜地开发和利用。但新能源大多数是再生能源,资源丰富,分布广泛,是未来的主要能源之一。

(三)按能否再生对能源进行分类

1. 可再生能源。凡是在自然界中可以不断得到补充或能在较短周期内再产生的能源称为可再生能源。如太阳能和由太阳能转换而成的水力、风能、生物质能等,它们都可以循环再生,不会因长期使用而减少。

2. 非再生能源。经过亿万年形成的、短期内无法恢复的能源称为非再生能源。如煤炭、石油、天然气等,随着大规模地开采和利用,其储量越来越少,总有枯竭之时。

(四)按获得的方法对能源进行分类

1. 一次能源。即天然能源,是指在自然界中以天然形式存在且没有经过加工或转换的能量资源,它又分为可再生能源和非再生能源。

可再生的水力资源和不可再生的煤炭、石油、天然气资源是一次能源的核心,它们是全球能源的基础。除此之外,太阳能、风能、地热能、海洋能、生物质能以及核能等可再生能源也被包括在一次能源的范围之内。地热能基本上是非再生能源,但从地球内部巨大的蕴藏量来看,又具有再生的性质。

核能的新发展将使核燃料循环利用。核聚变最合适的燃料重氢(氘)大量地存在于海水中,可谓“取之不尽、用之不竭”,因此,核能是未来能源系统的支柱之一。

2. 二次能源。即人工能源,是指由一次能源经过加工转换而成的能源产品。沼气、汽油、柴油、焦炭、煤气、蒸汽、火电、水电、核电、太阳能发电、潮汐发电、波浪发电等能源都属于二次能源。

(五)按能否作为燃料对能源进行分类

1. 燃料型能源。包括煤炭、石油、天然气、泥炭、木材等。

2. 非燃料型能源。包括水能、风能、地热能、海洋能等。

说一说

哪些是燃料型能源?哪些是非燃料型能源?

人类利用自己体力以外的能源是从用火开始的,最早的燃料是木材,以后用各种矿物燃料(煤炭、石油、天然气)、生物燃料(薪柴、沼气、有机废物等)、化工燃料(甲醇、酒精、丙烷以及可燃原料铝、镁等)和核燃料(铀、钍、氘等)。当前矿物燃料消耗量很大,而地球上这些燃料的储量有限,因此太阳能、地热能、风能、潮汐能等新能源已成为很多国家重要的能源补充。未来铀和钍将提供世界所需的大部分能量。一旦控制核聚变的技术问题得到解决,人类将获得无尽的能源。

(六)按对环境的污染情况对能源进行分类

1. 清洁能源。使用时对环境没有污染或污染小的能源是清洁能源,如太阳能、水能、风能以及核能等。

2. 非清洁能源。对环境污染较大的能源是非清洁能源,如煤炭、石油等。

(七)按能否进入商品流通领域对能源进行分类

1. 商品能源。凡能进入市场作为商品销售的能源均为商品能源,如煤、石油、天然气和电等。国际上关于能源的统计数字均限于商品能源。

2. 非商品能源。主要指薪柴、秸秆等农业废料和人畜粪便等就地利用的能源。非商品能源在发展中国家农村地区的能源供应中占有很大比重。2010年,我国农村居民生活能源有70%是非商品能源。

(八)按形态特征或转换与应用的层次对能源进行分类

世界能源委员会推荐的能源类型分为:固体燃料、液体燃料、气体燃料、水能、电能、太阳能、生物能、风能、核能、海洋能和地热能。其中,前三类统称化石燃料或化石能源。

能源的分类见表1-1。

表 1–1　能源的分类

按使用类型分	按性质分	按一、二次能源分	
		一次能源	二次能源
常规能源	燃料型能源	泥煤(化学能)、褐煤(化学能)、烟煤(化学能)、无烟煤(化学能)、石煤(化学能)、油页岩(化学能)、油砂(化学能)、原油(化学能、机械能)、天然气(化学能、机械能)、生物燃料(化学能)、天然气水合物(化学能)	煤气(化学能)、焦炭(化学能)汽油(化学能)、煤油(化学能)柴油(化学能)、重油(化学能)液化石油气(化学能)、丙烷(化学能)、甲醇(化学能)、酒精(化学能)、苯胺(化学能)、火药(化学能)
	非燃料型能源	水能(机械能)	电(电能)、蒸汽(热能、机械能)、热水(热能)、余热(热能、机械能)
新能源	燃料型能源	核燃料(核能)	沼气(化学能)、氢(化学能)
	非燃料型能源	太阳能(辐射能)、风能(机械能)、地热能(热能)、潮汐能(机械能)、海洋温差能(热能、机械能)、海流、波浪动能(机械能)	激光(光能)

随着全球经济发展对能源需求的日益增加，现在许多发达国家都更加重视对可再生能源、环保能源以及新型能源的开发与研究。我们相信，随着人类科学技术的不断进步，科学家们会不断研究开发出更多新能源来替代现有能源，以满足全球经济发展与人类生存对能源的需求。我们也能够预计到，地球上还有很多尚未被人类发现的新能源正等待我们去探寻与研究。

课题二

能源与经济发展

知识要点

1. 能源的更迭
2. 能源与国民经济
3. 能源消费与经济发展

能源是国家的战略性资源，是一个国家经济增长和社会发展的重要物质基础，我们的日常生活也离不开能源。那么，能源的发展与国民经济和人民生活有什么关系呢？

一、能源的更迭

回顾人类的发展历史可以发现能源与人类社会发展之间的密切关系。近150年来能源的使用情况为：木质能源→煤→石油（含各种成品）→天然气。近代和现代世界能源发展与利用的趋势是三种能源不断发展和逐渐替代。也就是说，20世纪20年代是利用煤炭的高峰期；70～90年代当属石油接替煤炭时代；21世纪初期是液化石油气及天然气逐步替代原油及其他成品油产品，同时核能和太阳能作为新能源的"主力"，利用率将大幅度上升。

人类从学会用火开始，就以薪柴和动物的粪便等生物质燃料作为主要燃料，同时以人力、畜力和一小部分简单的风力和水力机械作为动力，从事生产活动。这个阶段持续了很长时间，生产和生活水平很低，社会发展迟缓。

> **想一想**
>
> 根据能源变更趋势，你认为将来最有发展潜力的资源是什么？

第一次工业革命后，煤炭取代薪柴成为主要能源，蒸汽机成为生产的主要动力，工业得到迅速发展，劳动生产率有了很大的提高。特别是19世纪末，电力开始进入社会各个领域，电动机代替了蒸汽机，电灯代替了油灯和蜡烛，电力成为企业的主要动力，成为生产和生活照明的主要来源。电器产品、电影、电视等的出现，不但使得社会生产力有了大幅度的增长，而且极大地提高了人们的生活水平和文化水平，从根本上改变了人类社会的面貌。但是，发电的原料主要是煤炭。

石油资源的发展，开始了能源利用的新时期。特别是20世纪50年代，美国、中东、北非相继发现了大油田和气田，西方国家很快从以煤为主要能源转换到以石油和天然气为主要能源的阶段。汽车、飞机、内燃机车、远洋客货轮等迅猛发展，大大缩短了地区之间和国家之间的距离，极大地促进了世界经济的繁荣。近几十年来，许多国家依靠石油和天然气，创造了人类历史上空前的物质文明和精神文明。

二、能源与国民经济

能源与人类的关系非常密切，它既是同人们生活密切相关的重要资源，也是实现国民经济现代化的物质基础。能源的替代和变革是人类社会不断发展进步的标志,每一次变革的结果都必然促进人类社会产生质的飞跃，尤其是对工业的发展起到直接的促进作用。列宁曾说过："煤是工业的粮食，石油是工业的血液。"能源为工业发展提供了原动力，所以它是促进国民经济发展的重要物质基础。

能源是一个国家或地区总发展战略的核心。一个国家或地区拥有能源的数量和分布以及开发利用能源的水平和程度都直接决定了这个国家或地区的国民经济发展水平及可持续发展能力。

说一说

能源与国民经济发展有什么关系?

长期以来，能源一直是促进或制约各国、各地区经济发展的主要因素。由于拥有丰富的能源资源和高度的综合开发能力，促成了一些国家和地区经济的高速发展，亦由于石油危机而导致了一些国家和地区经济危机。改革开放以来，我国经济的持续稳定发展也得益于有丰富稳定的能源保障。

世界各国经济发展的历史表明，能源消费与国民经济之间存在着明显的关系。一般来说，在同一时期中，能源消费量增长较快的国家，其国民经济的发展速度也较快；反之，能源消费量增长较慢的国家，其国民经济发展速度也较慢。例如，1965～1980年间，日本是发达国家中能源消费增长速度最快的国家，增加了129%，其国民经济年平均增长9.7%；同期，西欧国家的能源消费量几乎没有什么增长，其中英国的国民经济年平均增长只有1.8%。

尽管能源消费量的增长速度和整个国民经济的增长速度呈正相关，但二者并不是等速的，通常人们都用能源弹性系数(或称能源增长系数)来表示在同一时期这两种速度之间的关系：

能源弹性系数＝能源消费量的年平均增长率(%)/ 国民生产总值的年平均增长率(%)

能源弹性系数越小越好。也就是说，人们希望每年国民生产总值多增长些，而能源消费量少增长些。但是能源弹性系数的大小有一定的客观规律，是不能随意选取的，它一方面受各种技术和经济条件的制约，另一方面又受产业结构、能源利用效率、国民经济能源消费的比例等因素的影响。利用能源弹性系数可以对一个国家或地区过去的能源消费与经济增长之间的关系进行分析，从中找出规律，并对今后较长时期内的能源需要量进行预测。通常一个国家在工业化初期，由于能耗少的农业生产比重逐渐下降，能耗大的工业生产比重逐步上升，因此能源消费量年平均增长速度都比国民经济年平均增长速度要快些，能源弹性系数一般大于 1；随着经济的发展和科学技术的进步，能源的利用日益合理，而且利用效率不断提高，加上国民经济结构的改善和产品质量的提高，到工业成熟以后，能源弹性系数就会逐步下降，一般都小于 1。

能源与国民经济之间的这种弹性关系，决定了我们在开发利用能源为国民经济发展服务的时候，一方面要适应国民经济发展的需要，广泛地挖掘和利用能源以提供社会发展的动力，另一方面又要在“开源”的同时全面“节流”，通过调整地区产业结构和改进技术设备等手段，努力提高能源使用效率，以最少的能源促进国民经济的最快发展。

三、能源消费与经济发展

人们的日常生活处处离不开能源。能源是国家的战略性资源，是一个国家经济增长和社会发展的重要物质基础。从世界经济发展经历来看，经济越发达，人均能源消费量越大。因此，从一个国家的能耗量就可以看出这个国家人民的生活水平。

一般来说，一个国家或地区国民经济的增长速度同其能源消费增长速度保持正比例关系，即随着国民经济的发展，能源消费量也相应增加。从世界各国能源消费情况来看，经济发达国家由于其经济总量大，居民生活水平较高，人均能源消费量也较大。高收入国家能源消费量占到世界能源消费总量的一半以上。从人均能源消费量状况看，高收入国家人均消费能源量是中等收入国家的 4 倍，是低收入国家的 11 倍。像美国、日本、欧洲等经济发达的国家和地区，人均收入水平较高，能源消费量也较大。韩国、新加坡、马来西亚等国家，人均能源消费量明显高于一般发展中国家，有的已达 2000 千克标准油以上。所以，中国要达到小康生活水平，必须努力提高人均商品能源消费量。

世界银行关于世界发展的报告统计显示，2006 年世界平均能耗量为 1700 千克标准油，高收入国家人均能耗为 5600 千克标准油，其中美国为 7800 千克标准油，而我国为 1400 千克标准油，为高收入国家的 25%、世界平均数量的 82.4%。

目前我国一次能源消费量已超过俄罗斯，居世界第二位，但由于人口过多，人均能耗仍处于很低的水平。

改革开放以来，我国的能源工业得到迅速发展，但能源生产增长的速度相对落后于能源消费的增长，能源已成为制约我国国民经济发展的瓶颈。我国能源利用率低，单位产值能耗高，能源浪费大，节能的压力也大。到 21 世纪中叶，我国要实现第三步发展目标，国民经济要达到届时中等发达国家的水平，人均能源消费量必将有很大的增长。国际有关能源机构预测，到 2050 年，我国人均能源消费量至少是 2900～3900 千克标准油，约为我国 1994 年人均能源消费量的 4.4～5.8 倍；如果 2050 年时我国人口总数为 14.5 亿～15.8 亿，我国能源消费总量约为目前美国能源消费总量的 1.5～2 倍，为届时世界能源消费总量的 16%～22%。到 2020 年，我国将实现经济翻两番，届时人均 GDP 将超过 1 万美元，这一时期是实现工业化的关键时期，也是经济结构、城市化水平、居民消费结构发生明显变化的阶段。反映到能源领域，我国面对的情况要比发达国家在同一历史时期面临的情况复杂得多。要在比发达国家复杂得多的情况下实现能源翻倍的增长，这是 21 世纪我国能源面临的一个严峻挑战。

查一查

什么是标准油，什么是标准煤?

阅读材料

20 世纪世界能源回眸

1900 年，英国帕森斯制成 1000 千瓦、50 赫兹汽轮发电机组。

1903 年 12 月 27 日，美国莱特兄弟制造的世界第一架飞机试飞成功。

1904 年，意大利试验地热发电成功。

1906 年，美国休利特和巴克发明悬式绝缘子，使输电电压由 60 千伏提高到 110 千伏。

1908年，美国建成世界第一条110千伏输电线路。德国哈伯发明合成氮生产工艺。

1910年，电动洗衣机和电灶问世。

1911年，美国标准石油公司（当时控制全球65%的炼油业务）被强令解散，分解成3家公司。

1912年，德国建成世界上第一座潮汐电站。

1915年，世界上第一艘航空母舰在英国海军服役，满载排水量为2万吨。

1916年，坦克第一次出现在欧洲战场。

1920年，苏联建成世界上第一座热电站。

1923年，美国建成世界上第一条220千伏输电线路。

1925年，美国建成世界上第一台100兆瓦汽轮发电机组。

1927年，美国的伯泽发明了电冰箱。德国建成世界上第一座煤炭液化厂。

1929年，美国建成世界上第一座抽水蓄能电站，年蓄电量7000千瓦。

1933年，美国成立田纳西河流域管理局（TVA），促进流域内资源的综合规划和开发利用。苏联建成世界上第一座试验性煤炭地下汽化站。

1937年，美国建成世界上第一条287千伏超高压交流输电线路。

1939年，德国喷气式飞机试飞成功。

1942年12月，美国建成世界上第一座热中心核反应堆。

1943年，美国建成大口径原油管道，总长2018千米，直径610毫米，日输送能力47700立方米。

1948年，沙特阿拉伯发现世界最大油田——盖瓦尔油田，原始储量为430亿吨。

1951年，法国、德国、意大利、荷兰、比利时、卢森堡成立欧洲煤钢共同体。

1954年，苏联建成世界上第一座试验核电站，年发电量5兆瓦；美国建成世界上第一艘核潜艇；贝尔实验室发明单晶硅光伏电池。

1957年，英国培根制成大功率燃料电池（5千瓦），改进型用于阿波罗飞船。

1958年，中国发现大庆油田，该油田为世界特大型油田之一。

1960年，成立石油输出国组织（OPEC）。

1963年，七大跨国石油公司（七姊妹）控制资本主义国家原油生产的82%、炼油能力的65%、石油贸易量的62%。

1966年，石油在世界一次能源构成中超过煤炭，居第一位。俄罗斯西西伯利亚发现世界最大气田——乌连戈伊气田，可采储量超过8万亿立方米。

1969 年，苏联首次试验受控核聚变。

1970 年，法国制成世界上第一台燃气——蒸汽联合循环发电机组。

1972 年，苏联向东欧五国输油的友谊输油管线建成，总长 10000 千米，管径 1220 毫米，年输送能力 1 亿吨。

1973 年，第一次石油危机爆发，油价从每桶 3 美元上涨到 12 美元。美国制造的世界最大火电机组(1300 兆瓦)投入运行。

1975 年，巴西甘蔗制乙醇计划启动，这是世界上最大的生物质能商业利用计划，年计划生产乙醇 120 亿升。

1976 年，发达国家成立国际能源机构(IEA)，共同对石油危机采取行动。

1979 年 3 月 28 日，美国三哩岛核电站反应堆严重失水，导致放射性泄漏。夏威夷建成世界上第一座海水温差发电站（50 千瓦），从 900 米深处抽取 4.4～7.2 摄氏度的海水冷却氨。

1980 年，第二次石油危机爆发，油价从每桶 13 美元上涨到 34 美元。

1981 年 8 月，联合国新能源和可再生能源会议通过《内罗毕行动纲领》，推进新能源和可再生能源开发利用。

1982 年，美国和加拿大共建的阿拉斯加输气管道建成，总长 7764 千米，最大管径 1420 毫米，年输气能力 300 亿立方米。

1985 年，英国建成世界上第一座垃圾电站。

1986 年 4 月 26 日，乌克兰切尔诺贝利核电站 4 号反应堆爆炸。美国洁净煤技术计划启动。

1990 年，世界能源委员会(其前身为 1924 年成立的世界动力会议，1968 年改名为世界能源会议)成立。

1991 年，世界最大水电站——巴西／巴拉圭伊泰普水电站(12600 兆瓦)建成。美国防止污染的大规模创新计划——绿色照明计划启动。

1992 年 6 月，联合国环境与发展大会在巴西里约热内卢召开。中国煤产量居世界第一位。

1993 年，欧洲开始建立开放的、有竞争性的统一能源市场。日本新日光计划启动，研究开发洁净能源，1993～2020 年预算 15500 亿日元。

1994 年，美国政府把因特网推向全球，因特网的普及促使美国单位产值能耗大幅下降。

1997 年 12 月，气候变化框架条约缔约国第三次会议通过《京都气候变化议定书》，21 个国家承诺到 2008～2012 年温室气体排放量平均比 1990 年减少 4%。亚洲金融危机对全球石油需求产生重大影响。

1998 年 8 月 11 日，英国石油公司(BP)与 AMOCO 石油公司合并，成为世界第三大石油公司。12 月 1 日，世界最大石油公司埃克森公司以 770 亿美元并购美国第二大石油公司美孚石油公司。世界风力发电装机容量突破 1000 万千瓦，达 1015 万千瓦。世界最大燃气联合循环电站——中国香港的龙鼓滩电站(8×320兆瓦)一期工程(6×320 兆瓦)建成投产。

1999 年 2 月，OPEC 原油平均价格跌到每桶 10 美元以下(9.95 美元)。4 月，BPAmoco 以 266 亿美元收购美国阿科石油公司，成为世界第二大石油公司。

1. 什么是能源？
2. 按使用类型来分，能源可以分为哪两大类？
3. 什么是一次能源？常用的一次能源包括哪些？
4. 什么是再生能源？
5. 什么是二次能源？
6. 哪些是燃料型能源？
7. 哪些是非燃料型能源？
8. 什么是常规能源？
9. 什么是新能源？
10. 能源与国民经济发展有什么关系？

第二单元

常规能源

教学目标

1. 了解石油的形成和已探明石油储量的主要分布情况。
2. 了解煤炭的形成、组成、种类及主要分布情况。
3. 了解天然气的主要成分、特性、用途、危害及分布情况。
4. 理解水能资源的概念，了解我国水能资源的分布、特点及开发利用情况。
5. 理解二次能源的概念，了解世界电力工业和我国电力工业的发展情况。

常规能源也叫传统能源，是指人类已广泛使用且开发利用技术比较成熟的能源，如煤、石油、天然气、水能等。常规能源是目前世界上最主要的能源，占全世界能源生产消费总量的90%以上。

石 油

知识要点

1. 石油的起源
2. 原油的主要分布情况

石油是储量仅次于煤的矿物燃料，它与煤一样属于化石燃料，是世界上最重要的动力燃料与化工原料，被称为“工业的血液”。让我们来了解一下，石油是怎样形成的，它主要分布在哪些地区。

一、石油的形成

石油是从地下深处开采的黄色、褐色或棕黑色的流动或半流动的可燃黏稠液体，是各种烷烃、环烷烃、芳香烃的混合物。石油的主要组成元素是碳（85%～90%）和氢（10%～14%）；还有少量的硫（0.2%～0.7%）、氧（<1.5%）、氮（0.1%～2%），以化合物、胶质、沥青质等非烃类物质的形态存在；此外，还有微量的钠、铅、铁、镍、钒等金属元素，它们的浓度通常为 100 毫克 / 升。

目前就石油的成因有两种说法：①无机论，即石油是在岩浆中形成的；②有机论，即各种有机物如动物、植物（特别是低等的动植物，像藻类、蚌壳、鱼类等）死后埋藏在不断下沉缺氧的海湾、三角洲、湖泊等地，经过许多物理、化学作用，最后逐渐形成石油。

阅读材料

“石油”一词最早见著于 977 年中国北宋编著的《太平广记》。中国北宋杰出的科学家沈括（1031—1095）在其所著《梦溪笔谈》中，根据这种油“生于水际砂石，与泉水相杂，惘惘而出”而正式将之命名为“石油”。在“石油”一词出现之前，国外称其为“魔鬼的汗珠”、“发光的水”等，中国称其为“石脂水”、“猛火油”、“石漆”等。

想一想

石油同煤相比具有哪些优点？

我们日常生活中到处都可以见到石油或其附属品的身影，如汽油、柴油、煤油、润滑油、沥青、塑料、纤维等，它们都是从石油中提炼加工出来的。

直接开采出来未经加工的石油称为“原油”。由于所含胶质和沥青的比例不同，石油的颜色也不同。石油中含有石蜡，石蜡含量的高低决定了石油黏稠度的大小。另外，含硫量也是评价原油的标准，含硫量的大小对石油加工和产品性质的影响很大。

石油释放的热量比煤大得多，每千克原煤低位平均发热量为 20.9 兆焦，而每千克原油低位平均发热量超过 41.8 兆焦。就发热量而言，石油大约是煤的2～3 倍。石油使用方便，易燃又不留灰烬，是理想的清洁燃料。

二、原油的主要分布情况

（一）世界原油分布情况

世界海洋面积约为 3.6 亿平方千米，约为陆地面积的 2.4 倍；大陆架和大陆坡约为 5500 万平方千米，相当于陆上沉积盆地面积的总和。由于地球上已探明的石油资源的 1/4 和最终可采储量的 45%埋藏在海底，因此世界石油开采的重心将有可能由陆地移向海洋。

在近代石油史上，西半球作为世界石油资源的主要蕴藏地达百年之久。第二次世界大战后，东半球取代西半球成了世界石油资源的主要蕴藏地。东半球现有石油储量约为 960 亿吨，是西半球的 5 倍；潜在储量为 1050 亿吨，是西半球的 2.9 倍；最终可采储量约为 2250 亿吨，是西半球的 2.8 倍，约占世界石油最终可采储量的 74%。其中，仅中东地区的储量和最终可采储量分别是西半球的 3.6 倍和 1.3 倍。

目前世界有七大储油区，第一大储油区是中东地区，第二是拉丁美洲地区，第三是俄罗斯，第四是非洲，第五是北美洲，第六是西欧，第七是东南亚。这七大储油区的原油储量占世界原油总储量的 95%。

说一说

从已探明的石油储量看，世界上有哪些储油区？

中东海湾地区地处欧、亚、非三洲的枢纽位置，原油资源非常丰富，被誉为“世界油库”。据2006 年的统计数据显示，世界已探明的原油储量为 1804.9 亿吨，其中中东地区为 1012.7 亿吨，约占世界总储量的 2/3。沙特阿拉伯已探明的原油储量为 355.9 亿吨，居世界首位；伊朗已探明的原油储量为 186.7 亿吨，居世界第三位。

北美洲原油储量最丰富的国家是加拿大、美国和墨西哥，其中加拿大已探明的原油储量为245.5亿吨，居世界第二位。俄罗斯的原油储量为82.2亿吨，居世界第八位。非洲是近几年原油储量和石油产量增长最快的地区，被誉为“第二个海湾地区”。2006年，非洲已探明的原油总储量为156.2亿吨。

拉丁美洲是世界原油储量和石油产量增长较快的地区之一，委内瑞拉已探明的原油储量为109.6亿吨，居世界第七位。亚太地区已探明的原油储量约为45.7亿吨，也是目前世界石油产量增长较快的地区之一，其中中国、印度、印度尼西亚和马来西亚是该地区原油储量较丰富的国家。

（二）中国原油分布情况

中国的石油资源集中分布在渤海湾、松辽、塔里木、鄂尔多斯、准噶尔、珠江口、柴达木和东海陆架八大盆地，其可采资源量为172亿吨，占全国总资源量的81.13%。自20世纪50年代以来，中国先后在82个主要的大中型沉积盆地开展了油气勘探，发现油田500多个。

大庆油田位于黑龙江省西部，1976年原油产量突破5000万吨，成为中国第一大油田。胜利油田地处山东北部渤海之滨的黄河三角洲地带，是中国第二大油田。辽河油田主要分布在辽河中上游平原以及内蒙古东部和辽东湾滩海地区，产量居全国第三位。其他较大的油田还有：克拉玛依油田、四川油田、华北油田、中原油田、江汉油田、塔里木油田、玉门油田等。

阅读材料

石油输出国组织

石油输出国组织（organization of the petroleum exporting countries，OPEC，简称“欧佩克”）是一个国际组织。1960年，世界主要石油生产国为共同对付西方石油公司和维护石油收入，伊拉克、伊朗、科威特、沙特阿拉伯和委内瑞拉的代表于9月10日在伊拉克首都巴格达开会，商议成立一个协调机构。9月14日，石油输出国组织正式宣告成立。

目前，OPEC成员国由最初的5个增加到了12个，即卡塔尔（1961年加入）、利比亚（1962年加入）、阿尔及利亚（1969年加入）、阿拉伯联合酋长国（1971年加入）、尼日利亚（1971年加入）、厄瓜多尔（1973年加入，1992年退出，2007年再次加入）和安哥拉（2007年加入），而印度尼西亚（1962年加入）和加蓬（1975年加入）则分别于2008年和1995年退出该组织。该组织总部于1965年起设于奥地利首都维也纳。

根据该组织的法令,其成立的目的是:①协调和统一成员国的石油政策和价格,确定以最适宜的手段来维护成员国各自和共同的利益;②策划出不同的方法来确保国际石油市场价格的稳定,以撇除有害和不必要的波动;③给予产油国适度的尊重和必不可少而稳定的收入;④给予石油消费国有效、经济而稳定的供应;⑤给予石油工业投资者公平的回报。

石油是第二次世界大战后世界最主要的能源。战后初期,世界石油的勘探、开采和销售几乎全部控制在西方石油垄断财团手中,这个垄断控制的后果是西方发达国家获得超额利润,第三世界主要产油国的经济利益却受到损害。石油输出国组织是第三世界建立最早、影响最大的原料生产国和输出国组织,它成立的目的是为了抗衡主要石油公司(大多为美资、英资和德资),借以降低油价和生产者的负担。最初它只是一个非官方的议价小组,借以将石油减价销售至第三世界国家,这样的规模限制了其从西方石油公司手中争取更大的利益占有率和更高层面的生产控制,然而于20世纪70年代初期,它真正开始展露其效用。

巴以冲突的出现,终于引发OPEC由一个小小的企业联合转型为一股不容忽视的政治力量。1967年第三次中东战争后,OPEC的阿拉伯成员国成立了另一个重叠的组织——阿拉伯石油输出国组织(organization of Arab petroleum exporting countries,OAPEC),来集中向支持以色列的西方施压。就算不是主要石油输出国的埃及和叙利亚亦加入了阿拉伯石油输出国组织,以协助达成其目标。其后1973年赎罪日战争的爆发更坚固了阿拉伯国家的这个选择。由于美国对以色列的紧急补给,使以军能抵挡住埃及和叙利亚军队,愤怒的阿拉伯国家于1973年对美国、西欧和日本实施石油禁运,使20世纪70年代初期西方大型的石油企业集团突然面对一批联合的产油国停止石油供应的问题。

OPEC成员国共控制了全球约2/3的石油储备——共占世界78%以上的石油蕴藏量,并提供40%以上的石油消费量,约占全球产油量的40%和出口量的一半,因此,OPEC成员国得以从石油出口中得到更多收益。

课题二

煤 炭

知识要点

1. 煤炭主要分布情况
2. 煤炭的形成
3. 煤炭的分类

世界煤炭资源非常丰富。目前,世界煤炭储量估计为1.598万亿吨,按目前的煤炭消费水平计算,足可开采200多年。这些资源是怎样分布的呢?煤炭主要有哪些种类?

一、煤炭主要分布情况

世界各地的煤炭资源分布并不平衡,它们主要集中在北半球,即70%的煤炭资源分布在北半球北纬30°~70°之间。其中,以亚洲和北美洲最为丰富,分别占全球地质储量的58%和30%,欧洲仅占8%,南极洲数量很少。

世界煤炭可采储量的25%集中在美国,12%集中在中国,此外,澳大利亚、印度、德国和南非共占29%。

中国幅员辽阔,物产丰富,这也是中华民族赖以生息繁衍、发展壮大、立足世界民族之林的重要物质基础。在我国已发现的142种矿物中,煤炭占有特别重要的地位,其资源丰富,分布广泛(煤田面积约55万平方千米),储量可观,为世界所瞩目。中国的煤炭资源预测地质储量达45000亿吨以上,与美国、俄罗斯不相上下,2007年已探明的储量达到7241亿吨。山西省的煤炭储量为2000多亿吨,居全国第一;内蒙古为1900多亿吨,居第二位。煤炭储量超过200亿吨的省、自治区有陕西、贵州、宁夏、安徽等。

中国是世界上发现、利用和开采煤炭最早的国家。在中国新石器时代晚期的遗物和两周的墓葬中,考古学家曾先后于辽宁、陕西等地发现用煤精雕刻制成的耳环、发簪、圆环、耳铛等饰物,说明这一时期中国的先民不仅具有加工煤精的能力,而且还可以控取煤层浅部露头。

中国是世界第一产煤大国，也是煤炭消费大国。目前，中国已探明的煤炭可采储量居世界第二位，2008 年全行业年煤炭开采量达到 27.16 亿吨，煤炭行业已经成为国民经济高速发展的重要基础。

最新世界煤炭资源分布图见图 2–1。

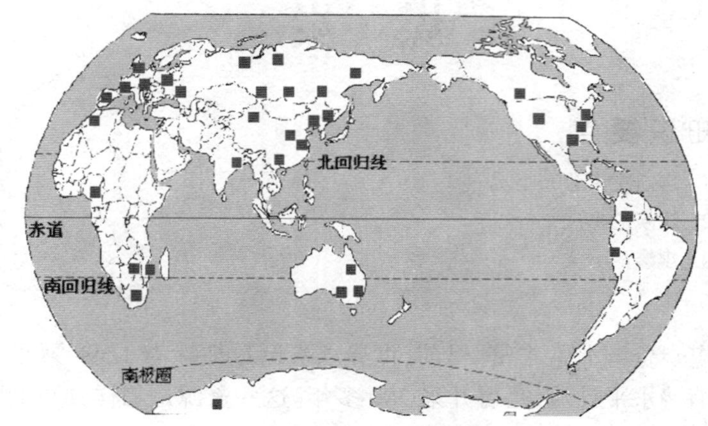

图 2–1　最新世界煤炭资源分布图

二、煤炭的形成

煤炭又称“原煤”，是世界上最丰富的化石原料，被人们誉为“黑色的金子”、“工业的食粮”。它也是 18 世纪以来人类世界使用的主要能源之一。

煤炭是千百万年来植物的枝叶和根茎在地面上堆积而成的一层极厚的黑色的腐殖质，由于地壳的变动不断地埋入地下，长期与空气隔绝，并在高温高压的条件下，经过一系列复杂的物理、化学变化形成的黑色可燃化石。

煤是由有机物质和无机物质混合组成的，其中有机物质的元素主要有碳(C)、氢(H)、氧(O)、氮(N)4 种，而无机物质的元素主要有磷(P)、硫(S)以及稀有元素等。

碳是煤中有机物质的主导成分，也是最主要的可燃物质。一般而言，碳含量越多，煤的发热量也越大。泥煤的碳含量为 50%～60%，褐煤的碳含量为 60%～75%，而在烟煤中为 75%～90%，在无烟煤中则高达 90%～98%。

碳完全燃烧生成二氧化碳，每千克纯碳能放出 32866 千焦热量。碳在不完全燃烧时生成一氧化碳，此时每千克纯碳放出的热量仅为 9270 千焦。氢也是煤中重要的可燃物质，氢的发热量最高，燃烧时每千克氢的发热量是纯碳的 4 倍。煤中氢的含量视成煤植物而定，有时大于 10%，有时低于 6%。氧是煤中不可燃的元素，在泥煤中氧含量高达 30%～40%，褐煤中氧含量为 10%～30%，而在烟煤中为 2%～10%，在无烟煤中小于 2%。煤中氮含量较少，仅为 1%～3%。氮在煤燃烧时不产生热量，但在炼焦过程中，它能转化成氨和其他含氮化合物。

磷(P)和硫(S)是煤中的有害成分。

三、煤炭的分类

煤炭的用途十分广泛。根据煤炭的用途，可将其分为两大部分：动力煤和炼焦煤。

（一）动力煤的种类和用途

1. 发电用煤。我国约有 1/3 以上的煤用来发电，目前平均发电耗煤指标为标准煤 370 克 / 千瓦时左右。电厂利用煤的热值，把热能转变为电能。

2. 蒸汽机车用煤。占动力用煤的 2%左右。蒸汽机车锅炉平均耗煤指标为标准煤 100 千克 /(万吨·千米)左右。

3. 建材用煤。约占动力用煤的 10%以上。用煤量以水泥为最大，其次为玻璃、砖、瓦等。

4. 一般工业锅炉用煤。除热电厂及大型供热锅炉外，一般企业及取暖用的工业锅炉型号繁多，数量大且分散，用煤量约占动力用煤的 30%。

5. 生活用煤。生活用煤的数量也较大，约占燃料用煤的 20%。

6. 冶金用动力煤。主要为烧结和高炉喷吹用无烟煤，其用量不到动力煤用量的 1%。

（二）炼焦煤的用途

虽然我国的煤炭资源比较丰富，但炼焦煤资源相对较少，炼焦煤储量仅占我国煤炭总储量的 27.65%。

炼焦煤的主要用途是炼焦炭，焦炭由炼焦煤或混合煤高温冶炼而成，一般1.3 吨左右的炼焦煤才能炼 1 吨焦炭。焦炭多用于炼钢，是目前钢铁等行业的主要生产原料，被喻为钢铁工业的“基本食粮”。

议一议

我们周围哪些单位和家庭现在还在用煤作燃料？

天 然 气

知识要点

1. 天然气基本知识
2. 天然气资源概况

天然气是除煤和石油之外的另一种重要的一次能源。那么,天然气是一种什么样的物质?我国天然气资源的分布和开发利用情况如何呢?

一、天然气基本知识

天然气是指通过生物化学作用和地质变质作用,在不同的地质条件下生成、运移,并于一定压力下储集在地质构造中的可燃气体。天然气是由有机物质生成的,这些有机物质是海洋和湖泊中的动植物遗体,在特定的环境中经物理、生物、化学作用而形成的分散的碳氢化合物。

天然气作为一种优质的清洁气体燃料,是矿物燃料中最清洁的能源,几乎不含硫、粉尘和其他有害物质。天然气燃烧时产生的二氧化碳少于其他化石燃料,造成的温室效应较低,如果将天然气的效应系数设为1,则石油为1.85,煤为2.08。

天然气作为一种优质的气体燃料,以其比人工煤气、液化石油气更清洁、快捷、高效、安全的优势被世界广泛采用,特别是它对环境保护所起的积极作用已越来越受到人们的关注。许多发达国家早在20世纪50年代就开始了人工煤气向天然气转换的过程,英国、法国、加拿大、荷兰、日本等国家已经完全用天然气取代了人工煤气。天然气比较干净,可延长燃具的使用寿命,节约维修费用。

由于我国是以煤炭为主的能源结构,大气中90%的二氧化硫、85%的二氧化碳、67%的氮氧化物来自燃煤,导致二氧化硫和烟尘大量排放,使我国酸雨面积达40%,二氧化碳年排放量达24万吨,为世界之最。

（一）天然气的主要成分

天然气是深埋于地下天然生成的以甲烷为主的多种烃类和少量非烃类物质组成的气体混合物。其无色无味，主要成分是烷烃，其中甲烷占绝大多数（通常占 90%以上），还有少量的乙烷、丙烷和丁烷。此外，还含有硫化氢、二氧化碳、氮气、水蒸气以及微量的惰性气体。供城市居民及工业用户所使用的天然气中甲烷的含量可达 95%以上。

甲烷的比重轻于空气，因此极易挥发，并在空气中迅速扩散。天然气与空气混合后，其浓度达到 5%～15%时遇明火或大于天然气燃点 650℃时即燃烧，属可燃可爆性气体。天然气在 -162℃的常压下可液化，称为“液化天然气”，液化后体积缩小到原来的 1/600。

（二）天然气的分类

根据天然气的来源，一般将天然气混合物分为 4 种：

1. 从天然气井中开采出来的气田气，称为纯天然气。
2. 伴随石油一起开采出来的天然气，称为油田伴生气。
3. 从含石油轻质馏分的凝析油中分离出来的天然气，称为凝析气田气。
4. 从井下煤层抽出的天然气，称为煤矿矿井气。

作为城市燃气的多为前三种。

（三）天然气的特性

1. 天然气相对密度小，比空气轻，易向高处流动。
2. 天然气具有易燃易爆性，遇到静电火花也会引爆。
3. 天然气热值高，其热值大约是煤气的 2 倍、液化石油气的 1/3 左右。
4. 天然气具有溶解性，能溶解普通橡胶和石化产品。
5. 天然气具有腐蚀性。
6. 天然气具有麻醉性，在空气中浓度较高时对人体中枢神经具有麻痹作用。
7. 天然气无毒性，不含一氧化碳，但燃烧不完全时也容易产生一氧化碳等有毒气体，导致人体中毒。
8. 天然气为“干气”，杂质少，燃烧更完全、更卫生。
9. 天然气的输送一般经过降压、计量、加溴后直接采用管道输送到用户，因此运输、使用极为方便。

（四）天然气的用途

天然气经过开采、收集、分离、净化、加压后可供给城镇作为燃气气源。目前天然气的利用已经进入我国经济的许多领域，主要用于化工生产、发电、居民燃气、商业供气、市区供热以及汽车燃料。天然气资源丰富，具有不可替代的优势，所以天然气的应用越来越受到人们的广泛重视，发展前景十分广阔。

在我国，天然气主要应用在以下五个方面：

1. 民用燃料。天然气价格低廉、热值高、安全性高、环境性能好，是民用燃气的首选燃料。

2. 工业燃料。以天然气代替煤用于工厂采暖、生产用锅炉以及热电厂燃气轮机锅炉。

> **说一说**
>
> 你所在城市目前有没有使用天然气？

3. 工艺生产。如烤漆生产线、烟叶烘干、沥青加热保温等。

4. 化工原料。如以天然气中甲烷为原料生产氰化钠、黄血盐钾、赤血盐钾等。

5. 压缩天然气汽车。用以解决汽车尾气污染问题。

（五）天然气的危害

甲烷本身无毒，为单纯窒息性气体。硫化氢是一种有毒气体，经黏膜吸收后会危害中枢神经系统和呼吸系统，亦可对心脏等多器官造成损害。人体短期内吸入高浓度硫化氢后会出现流泪、眼痛、眼内异物感、畏光、视物模糊、流涕、咽喉部灼热感、咳嗽、胸闷、头痛、头晕、乏力、意识模糊等，部分患者可有心肌损害，重者可出现脑水肿、肺水肿。吸入极高浓度（每立方米 1000 毫克以上）的硫化氢时，可使人在数秒钟内发生昏迷、呼吸和心跳骤停，甚至猝死。高浓度接触时会导致眼结膜水肿和角膜溃疡，长期低浓度接触时会引起神经衰弱和自主神经功能紊乱。天然气中如果含有较多的硫化氢，人体吸入后会损害健康，甚至致死。

> **议一议**
>
> 在使用天然气时应该注意哪些问题？

阅读材料

中石油西南油气田分公司川东北气矿“12·23”特大天然气井喷事故

2003 年 12 月 23 日 22 时 15 分，中国石油天然气总公司西南油气田分公司川东北气矿罗家 16H 井发生天然气井喷事故，造成井场周围居民和井队职工 243 人硫化氢中毒死亡，2142 人住院治疗，9 万余人被紧急疏散安置，直接经济损失达 6432.31 万元。这起事故造成的巨大伤亡，在国内乃至世界气井井喷史上也是罕见的。

中石油西南油气田分公司川东北气矿罗家 16H 井位于重庆开县高桥镇东面 1000 米处的晓阳村，井场位于小山坳里，周围 300 米范围内散布有 60 多户农户，最近的距井场不到 50 米。罗家 16H 井是一口布置在丛式井井场上的水平开发井，拟钻采罗家寨飞仙关鲕滩气藏的高含硫天然气（硫化氢含量7%～10.44%）。2003年12月23日2时52分，罗家16H井钻至井深4049.68米处，更换钻具后继续起钻。21时55分，录井员发现录井仪显示钻井液密度、电导、出口温度、烃类组分出现异常，钻井液总体积上涨。泥浆员随即经钻井液导管出口处跑上平台向司钻报告发生井涌，司钻发出井喷警报。司钻停止起钻，下放钻具，准备抢接顶驱关旋塞，但在下放钻具10余米时发生井喷，顶驱下部起火。通过远程控制台关闭防喷器，将钻杆压扁，火势减小，没有被完全挤扁的钻杆内喷出的钻井液将顶驱的火熄灭。拟上提顶驱，拉断全封闭以上的钻杆，未成功。启动钻井泵向井筒内环空泵注加重钻井液，因与井筒环空连接的井场放喷管线阀门未关闭，加重钻井液由防喷管线喷出，随着内喷的继续，22时04分左右，井喷完全失控。至24日15时55分左右，点火成功，高含硫天然气释放持续了18小时左右。经过周密部署和充分准备，现场抢险人员于12月27日成功实施压井，结束了这次特大井喷事故。

经过国务院事故调查组的调查，认定这次事故是一起责任事故：有关人员对罗家16H井的特高出气量估计不足；高含硫高产天然气水平井的钻井工艺不成熟；在起钻前，钻井液循环时间严重不够，在起钻过程中违章操作，钻井液灌注不符合规定；未能及时发现溢流征兆，这些都是导致井喷的主要因素。有关人员违章卸掉钻柱上的回压阀是导致井喷失控的直接原因。没有及时采取放喷管线点火措施，使大量含有高浓度硫化氢的天然气喷出扩散；应急预案欠完善，安全防护设施不足，周围群众疏散不及时，是导致事故伤亡损失扩大的原因。

二、天然气资源概况

（一）天然气资源

地球上已探明的天然气地质储量超过140万亿立方米，如果年开采量为2万多亿立方米，可采68年。专家们证实，作为天然气主要成分的甲烷不仅可以有机生成，也可以无机合成。早在地球形成之初，甲烷就已经存在于地壳之中，天文学家也发现一些星球可能被甲烷大气层包围着，这将大大拓展天然气资源的勘探领域。此外，海洋学家发现，在大洋深处的海底，由于海水的压力作用，可能存在着大量的液态甲烷，其数量之大将可支撑人类数十年的文明。

我国天然气资源比较丰富，2010年已探明的天然气储量估算为9.3万亿立方米，居世界第十五位；2008年产量为260.82亿立方米，居世界第九位。陆上资源主要集中在四川盆地、陕甘宁地区、塔里木盆地和青海，海上资源主要集中在南海和东海。此外，在渤海、华北等地区还有部分资源可利用。由于资源勘探后未能有效利用以及政策不配套，造成用气结构不合理，这些都在一定程度上制约了我国天然气工业的健康发展。但是，随着我国的经济发展和社会进步，天然气成为主要能源将是一个必然的趋势。

四川盆地的天然气是我国开采较早、储量较丰富的资源，在满足四川省和重庆市需求的同时，还可通过管道外送部分剩余气量。陕甘宁气田是我国陆上最大的天然气整装资源，可采储量超过 3 千亿立方米，目前主要通过北京、西安和银川三条管线外送。塔里木盆地和青海的天然气资源十分丰富，全盆地天然气地质储量达 8.4 万亿立方米，该气源今后主要靠管道经兰州、西安东送，主要市场为长江三角洲地区。

南海的天然气资源品质最佳，气田储量集中，单井产量大，现已通过海底管道年输香港 29 亿立方米，主要用于发电；还有部分天然气送海南岛供三亚市使用。虽然南海资源开发前景看好，但海上天然气开发难度较大，同时也在一定程度上受到地缘和政治因素的制约，因此目前暂时没有进行大规模的开发利用。

东海地区的勘探工作一度受政策的影响而比较迟缓，但从现在的工作成果看，资源储量看好。杭州湾平湖气田的部分天然气供应上海，主要满足城市居民的生活用气。东海资源的情况与南海相近，目前也暂时没有进行大规模的开发利用。

我国周边的俄罗斯东西伯利亚地区、库页岛、土库曼斯坦、哈萨克斯坦等地也蕴藏着极为丰富的天然气资源。俄罗斯天然气，可采储量占全世界的 40%，出口天然气量占全世界的 30%。东西伯利亚科维克金气田已探明地质储量 8 千亿立方米，外输能力为每年 320 亿立方米，除一部分在俄罗斯使用外，每年还可向中国、日本和韩国输送 200 亿立方米。

说一说

我国天然气资源的分布和开发利用情况如何?

（二）天然气市场

天然气资源的用途主要在两个方面：一是能源行业，主要用于发电，作为生活燃料和工业燃料；二是化工行业，以生产化肥及合成纤维为主。中国陆上天然气资源以陆相沉积构造居多，储量分散，单井产量低，自然稳产期短，造成开采成本和井口价偏高。无论是国产天然气，还是从俄罗斯、土库曼斯坦的管道进口的天然气，或是进口液化天然气，其价格均高于国外建于井口的化工厂。因此，在中国，以天然气作为化工原料缺乏竞争力，天然气在中国未来的主要用途将会以清洁能源为主。

阅读材料

西气东输工程

从屹立千年的苍莽胡杨林，到美丽富饶的东海之滨，西气东输管道自新疆轮南起，穿戈壁沙漠，过黄土高原，越黄河，渡长江，横亘10省(区、市)，绵延逾3800千米，最终到达上海白鹤镇。

这条横亘东西的能源大动脉是我国能源发展的重大战略抉择。我国西部地区天然气资源丰富，但需求量较小；东部地区资源需求量大，但可用的清洁能源少。西气东输工程有效缓解了清洁能源的供需矛盾，改善了环境质量。每年经该管道运输的气体达170亿立方米，可替代2200多万吨标准煤，少排放104万吨有害物质。

到2008年9月底，西气东输已累计销售及分输天然气420亿立方米，减少有害物质排放250多万吨，造福沿线139个县(区、市)、3000余家大中型企业、5700万户居民，并推动了西部大开发，促进了中国长输管道施工技术水平的整体提升，带动了机械、电力、化工、冶金等产业的升级。

1998年7月16日，随着塔里木盆地一批大型气田的发现，时任国土资源部部长的周永康向国务院建议实施西气东输工程。1998年10月3日，原国家计委批复同意开展西气东输项目的可行性研究。2000年2月13日，西气东输工程正式启动。2002年7月4日，管道全线开工。

西气东输工程规模宏大，管道干线管径1016毫米，设计压力10兆帕，设计输气规模120亿立方米／年，加压后输气能力可达到180亿立方米／年，是我国自行设计、建设的第一条世界级长距离、大口径、高压力输气管道。工程概算总投资463亿元，直接参加工程建设的员工近3万人。

2004年12月30日，西气东输管道正式开始商业运营。目前，运营管道已形成一干、二联、三支干、十一支和长宁线、兰银线的布局，管线总长度为9102千米，供气范围覆盖14个省(市、区)的70多个城市。

“近水楼台先得月”，西部地区最先从中受益。如今，塔克拉玛干沙漠周边的5个地州全部用上了全国最低价的优质天然气，这不仅保护了当地脆弱的生态环境，解决了烧柴带来的污染问题，每年每户还可节省开支约500元。

西气东输工程成功地将西部地区的资源优势转化成经济优势，带动了电力、化工等产业快速发展，创造了大量就业和创业机会。工程建设期间，仅新疆地区配套建设投资就达460多亿元。工程建成后，随着输气达到规划目标，天然气生产和管道输送两部分给新疆带来的收入，估计每年都在80亿元以上，各种税费每年还可为地方财政增加收入10多亿元。

在带动西部经济发展的同时，西气东输工程还有效缓解了华东、华北、中原、华中等地区经济发展与环境保护的矛盾，使长江三角洲地区清洁能源短缺的状况得到明显改善。宝钢集团特钢厂是第一家用上西气的企业，以往，该厂每年要产生2000吨二氧化硫和300吨烟尘；用上西气后，拆掉了150座煤气炉，污染物排放量已接近于零。西气东输工程投入运营以来，东部地区煤炭消耗量减少了4900多万吨，污染物排放量减少了230万吨。

课题四

其他常规能源

知识要点

1. 水能资源
2. 二次能源

一、水能资源

人类利用水能的历史悠久，但早期仅将水能转化为机械能，直到高压输电技术发展、水力交流发电机发明后，水能才被大规模的开发利用。目前，水力发电几乎成为水能利用的唯一方式，因此通常把水电作为水能的代名词。

（一）水能资源概述

水能资源指水体的动能、势能和压力能等能量资源，也称“水力资源”。

广义的水能资源包括河流水能、潮汐水能、波浪能、海流能等能量资源；狭义的水能资源仅指河流的水能资源。水能资源是常规能源，也是一种可再生能源。

构成水能资源的最基本条件是水流和落差（水从高处降落到低处时的水位差），流量大，落差大，所包含的能量就大，即蕴藏的水能资源就大。全世界江河技术上可开发的水能资源为 19.3 万亿度。中国江河的水能理论蕴藏量为 6.91 亿千瓦，每年可发电 6 万多亿度；可开发的水能资源约为 3.82 亿千瓦，年发电量为 1.9 万亿度。

阅读材料

世界水资源分布

地球表面约 3/4 的面积为海洋所覆盖，但人类可直接利用或有潜力开发的水资源却十分有限。第四届水资源论坛公布的数据显示，全世界水资源总量约为 14 亿立方千米，其中只有 2.5%是可饮用的淡水。在这仅有的淡水资源中，又有超过2/3的部分被冻结在南极和北极的冰层中，或以高山积雪及冰川的形式存在。较易利用的淡水资源仅是江河湖泊和地下水中的一部分，不到全球淡水资源的0.3%。

可开发利用的水资源在全球分布并不平衡。联合国教科文组织2009年3月12日发布的《世界水资源开发报告》指出，从地域来看，拉丁美洲是水资源最为丰富的地区，水资源约占全球总量的1/3；其次是亚洲，水资源约占全球总量的1/4；欧洲水资源分布极为不均，欧洲大陆18%的人口居住在水资源匮乏地区。

尽管水资源是可再生资源，但受世界人口增长、人类对自然资源过度开发、基础设施投入不足等因素的影响，水资源供应量远远不能满足人类生产和生活的需要，人类生存所必需的基本生活用水面临短缺、卫生不达标或获取困难等问题。联合国儿童基金会和世界卫生组织2008年7月公布的一份报告指出，全球有8.84亿人无法获得安全的饮用水，其中亚洲国家约占一半，撒哈拉以南的非洲国家约占40%。

《世界水资源开发报告》指出，人类对水的需求正以每年640亿立方米的速度增长。到2030年，全球将有47%的人口居住在用水高度紧张的地区，一些干旱和半干旱地区的水资源缺乏将对人口流动产生重大影响。

（二）我国水能资源分布情况

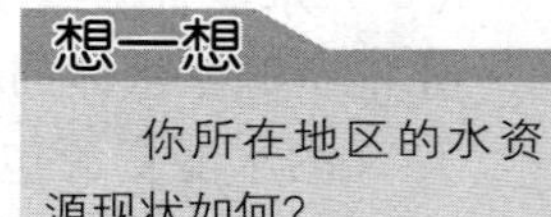

你所在地区的水资源现状如何？

我国国土辽阔，河流众多，大部分位于温带和亚热带季风气候区，降水量和河流径流量丰沛。我国西部多高山，并有世界上最高的青藏高原，许多河流发源于此；东部则为江河的冲积平原。在高原与平原之间，又分布着若干次一级的高原区、盆地区和丘陵区。地势的巨大落差，使大江大河形成极大的落差，如径流丰沛的长江、黄河等落差均有4000多米，因此我国的水能资源非常丰富。我国水能资源理论蕴藏量为6.76亿千瓦，其中可开发的水能资源为3.78亿千瓦，如全部得到开发，发电量可达1.92万亿千瓦时，约占世界可开发水能资源年发电量的1/5，居世界首位。我国各地区和水系可开发水能资源的分布情况见表2-1、表2-2（注：表中数据未包含台湾省）和图2-2。

表2-1　我国各地区可开发水能资源的分布情况

地　区	装机容量（万千瓦）	年发电量（亿千瓦时）	年发电量占全国比重（%）
华　北	700	230	1.2
东　北	1200	380	2.0

续表

地　区	装机容量（万千瓦）	年发电量（亿千瓦时）	年发电量占全国比重（%）
华　东	1800	690	3.6
中　南	6700	2970	15.5
西　南	23200	13050	67.8
西　北	4200	1910	9.9
全　国	37800	19230	100

表 2–2　我国各水系可开发水能资源的分布情况

水　系	装机容量（万千瓦）	年发电量（亿千瓦时）	年发电量占全国比重（%）
长　江	19724	10275	53.4
黄　河	2800	1170	6.1
珠　江	2485	1125	5.8
海河、滦河	213	52	0.3
淮　河	66	19	0.1
东北诸河	1371	439	2.3
东南沿海诸河	1390	547	2.9
西南沿海诸河	3768	2099	10.9
雅鲁藏布江及西藏其他河流	5038	2969	15.4
北方内陆及新疆诸河	997	539	2.8
全　国	37852	19234	100

从表 2–1 可以看出，我国水能资源在地区分布上很不均匀，水能资源大部分集中在西南地区，中南和西北次之，华北、东北和华东地区所占比重很小。

从表 2–2 各水系水能资源的分布看，长江是我国水能资源最丰富的水系，其水能资源主要分布在干流中上游及乌江、雅砻江、大渡河、汉水、资水、沅江、湘江、赣江、清江等众多支流上。

（三）我国水能资源的特点

1. 水能资源总量较多，但开发利用率低。我国水能资源总量占世界总量的 16.7%，居世界之首，但是目前我国水能开发利用量约占可开发量的 1/4，远低于发达国家 60%的平均水平。

2. 水能资源分布不均，与经济发展不匹配。我国水能资源西部多，东部少，相对集中在西南地区，而经济发达、能源需求大的东部地区水能资源极少。

3. 大多数河流年内、年际流分布不均，汛期和枯期差距大。

4. 水能资源主要集中于大江大河，有利于集中开发和往外送。

我国水能资源理论蕴藏量近 7 亿千瓦，占常规能源资源量的 40%，其中可开发容量近 4 亿千瓦，年发电量约 1.7 亿千瓦时，是世界上水能资源总量最多的国家。

（四）我国水能利用情况

水能利用是水能资源综合利用的一个重要组成部分。近代大规模的水能利用往往涉及整条河流的综合开发，或涉及全流域甚至几个国家的能源结构和规划，它与国家的工、农业生产和人民的生活水平息息相关。水力发电、农田灌溉、治涝防洪、水路航运、水产养殖、工农业用水及民用给水、旅游与环境保护等都与水能资源密切相关，因此水能资源的利用（即通常所说的水利开发）就是要充分合理地利用江河水域的地上和地下水源，以获得最高的综合效益。

水能利用是一项系统工程，其任务是根据国民经济发展的需要和水能资源的条件，在河流规划和电力系统规划的基础上，拟订出最优的水能资源利用方案。河流规划的主要任务是通过对河流自然条件、流域社会经济情况的勘察、探测和分析研究，提出河流的水电开发方案。电力系统规划的主要任务是根据远景电力负荷的增长和分布、能源资源的开发规划以及建厂的自然条件，全面安排电力系统的电源布局及电网结构。

说一说

你的家乡水能资源开发利用情况如何？

水力发电是将水能直接转换成电能。水电站主要是由水库、引水道和电厂组成。水库具有储存和调节河水流量的功能。拦河筑坝形成水库，以提高水位，集中河道落差，是水电站发电的必备条件。水库工程除拦河大坝外，还有溢洪道、泄水孔等安全措施。引水道的主要功能是将水量传输至电厂，推动水轮机发电。电厂则主要由水轮发电机组及相应的控制设备、保护装置、输配电装置等组成。

我国早在 4000 年前就开始兴修水利，至春秋战国时期，水利工程已有相当的规模，建设水平也比较先进。早在 2000 多年前，在埃及、中国和印度就已出现水车、水磨和水碓等利用水能进行农业生产的工具。18 世纪 30 年代，开始出现新型水力站，并发展成大型工业的动力，用于面粉厂、棉纺厂和矿石开采。从水力站发展到水电站，是在 19 世纪末远距离输电技术发明后才蓬勃兴起的。

我国现代化水电建设起步较晚，直到 1910 年才开始在云南滇池修建第一个水电站——石龙坝水电站，装机容量 472 千瓦。到 1949 年底，全国水电装机容量总和仅为 16.3 万千瓦，居世界第二十位，占全国总装机容量的 8.8%。经过 60 多年的发展，我国水电事业突飞猛进，2005 年全国水电装机容量达到 1.17 亿千瓦。2010 年全国水电装机容量已达到 2.11 亿千瓦。

我国三峡工程是当今世界最大的水利枢纽工程，它的许多工程设计指标都突破了世界水利工程的纪录，主要有：

1. 三峡水库总库容为 393 亿立方米，防洪库容为 221.5 亿立方米，水库调洪可消减洪峰流量达每秒 2.7 万～3.3 万立方米，能有效地控制长江上游的洪水，保护长江中下游荆江地区 1500 万人口的安全，是世界上防洪效益最为显著的水利工程。

2. 三峡水电站总装机容量为 1820 万千瓦，年平均发电量为 846.8 亿千瓦时，是世界上最大的电站。

3. 三峡大坝坝轴线全长 2309.47 米，泄流坝段长 483 米，水电站机组为 70 万千瓦×26 台，双线 5 级船闸加上升船机，无论单项、总体，都是世界上建筑规模最大的水利工程。

4. 三峡工程主体建筑物土石方挖填量约为 1.34 亿立方米，混凝土浇筑量为 2794 万立方米，钢筋用量为 46.30 万吨，金属结构设备达 25.65 万吨，是世界上工程量最大的水利工程。

5. 三峡工程 2000 年混凝土浇筑量为 548.17 万立方米，月浇筑量最高达 55 万立方米，创造了混凝土浇筑的世界纪录，是世界上施工难度最大的水利工程。

6. 三峡工程截流流量为 9010 立方米 / 秒，施工导流最大洪峰流量为 79000 立方米/秒，是施工期流量最大的水利工程。

7. 三峡工程泄洪闸最大泄洪能力为 10.25 万立方米 / 秒，是世界上泄洪能力最大的泄洪闸。

8. 三峡工程的双线 5 级、总水头 113 米的船闸，是世界上级数最多、总水头最高的内河船闸。

9. 三峡工程升船机的有效尺寸为 120 米×18

议一议

你对三峡工程了解多少？

米×3.5 米，最大升程为113 米，船箱带水重量达11800 吨，过船吨位达 3000 吨，是世界上规模最大、难度最大的升船机。

10. 三峡工程水库动态移民最终可达 113 万人，是世界上水库移民数量最多、工作也最为艰巨的移民建设工程。

我国“十二五”规划初步确定了到 2015 年新增 6300 万千瓦的常规水电装机容量，新增 1200 万千瓦的抽水蓄能装机容量。预计到 2015 年，我国常规水电装机容量将从 2010 年的 2.07 亿千瓦提升到 2.7 亿千瓦，五年新增 6300 万千瓦。抽水蓄能装机容量将从 1800 万千瓦提升到 3000 万千瓦。我国水电中长期的发展目标为，到 2020 年实现常规水电装机容量达到 3.3 亿千瓦的目标，相当于 10 年内新增 1.23 亿千瓦时。我国水电“十一五”期间开发的原则是加快水电开发、做好环境保护、移民先行。在未来五年内，我国将开工、投产的重大水电工程主要集中在金沙江、大渡河、澜沧江、怒江流域。

21 世纪是我国水电大发展的时期，西部大开发和西电东送的战略任务将促进我国水电事业的腾飞，水电技术也将因此而迅猛发展。

阅读材料

盛世治水　海晏河清
——改革开放 30 年我国水利发展取得的重大跨越

水满为患，水涸为灾。一部中华民族的发展史、文明史，就是一部治水史，就是兴水之利、除水之害的发展史。改革开放 30 年里，尤其是 1998 年大洪水后，在寻求解决水能资源面临的新情况、新问题的对策中，我国的治水思路实现了从传统水利向现代水利、可持续发展水利的重大转变。

在治水新思路的引领下，我国防汛抗洪工作实现了从控制洪水向洪水管理的转变，水资源管理工作实现了从供水管理向需水管理的转变，水利建设实现了从开发利用为主向开发保护并重的转变……水利发展与改革的重大跨越，有力地保障了水能资源的可持续利用，保障了经济社会的可持续发展和人民生命财产的安全。

1. 水利基础设施建设实现历史性跨越

1994 年 9 月 12 日，治理黄河的战略性工程——小浪底工程正式开工；同年 12 月 14 日，举世瞩目的长江三峡工程正式开工建设；2002 年 12 月 27 日，世界最大的跨流域调水工程——南水北调工程正式开工……改革开放 30 年来，国家大幅度增加水利建设投资，一大批关系国计民生和经济发展的重点水利工程相继开工建设。

改革开放30年里，水利建设硕果累累，大量水利工程全面发挥效益。长江干堤加固工程已基本建设完成，中下游3578千米干流堤防达标，与全面进入试验运行的长江三峡工程联合运用，大大提高了长江中下游的防洪标准，其中荆江河段的防洪标准提高到百年一遇。黄河万家寨、小浪底工程的建成运行以及黄河下游982千米堤防工程的达标建设，已具备防御每秒22000立方米洪水的能力，为确保黄河岁岁安澜打下了坚实基础。

南水北调工程通过跨流域的水资源合理配置，将大大缓解我国北方水能资源严重短缺的问题，促进南北方经济、社会与人口、资源、环境的协调发展。治淮19项骨干工程初步形成防御淮河流域性大洪水的防洪工程体系，并成功防御了2007年淮河大洪水。太湖综合治理11项骨干工程建设不但将太湖防洪标准提高至50年一遇，在1998年特大洪水中有效拦蓄和外排洪水44亿立方米，直接发挥减灾效益达92亿元；在2007年太湖大面积蓝藻水污染事件中，通过实施“引江济太”，有力地保障了太湖地区的供水安全。

据统计，改革开放30年里，我国相继建设各类水库827座，新增库容2333亿立方米，建设水闸15201座，新增堤防长度11.92万千米，水利系统新增水电装机容量4549万千瓦，新增有效灌溉面积13991万亩（1亩=10000/15米^2），建成引滦（滦河）入津（天津）、引滦（滦河）入唐（唐山）、引碧（碧流河）入连（大连）、引黄（黄河）入青（青岛）及珠江向澳门供水和东江向深圳供水等调水工程。截至2008年，全国已累计建成大、中、小型水库87085座，调蓄能力达到6000多亿立方米，保护了5.6亿人和4.6千万公顷（1公顷=10^4米^2）耕地的防洪安全。

2. 民生水利取得历史性进展

水利兴则天下定、仓廪实、百业兴。改革开放30年内，水利部门把事关广大人民群众切身利益的水利问题放在首位，着力抓好农村饮水安全、农田水利基本建设、病险水库除险加固等民生水利工作，让人人共享水利发展与改革成果。

“山沟沟泉水一点点流，提起个挑水心里发愁，十里路上吃水贵如油……”一曲民谣唱出了山区农民吃水难的辛酸。过去，在大巴山区、在西北农村、在黄淮海平原，很多农民祖祖辈辈饮水困难，因此各级政府都把解决农村群众的饮水问题作为改善民生的大事来抓。到2007年末，全国累计解决了3亿多农村人口的饮水困难和饮水安全问题，结束了项目区群众吃高氟水、苦咸水、污染水的历史，特别是血吸虫疫区群众受益明显。

水利是农业的命脉。面临人均耕地和亩均水能资源量刚性减少的形势，通过大规模的农田水利基础建设，到2007年底，全国农田有效灌溉面积从1978年的7.3亿亩增加到8.67亿亩，节水灌溉工程面积达到3.5亿亩。农田水利基础设施的改善，进一步提高了农业综合生产能力，在占全国耕地面积46%的灌溉面积上生产了全国总量70%的粮食、80%的商品粮和90%的经济作物，为全国粮食总产量从1980年的3200亿千克增加到2007年的5015亿千克奠定了坚实的基础。

3. 水能资源节约保护迈出重要步伐

塔里木河流域不合理开发导致河道断流，土地沙化严重；黄河断流导致河口地区生态环境恶化；洞庭湖区盲目围垦导致湖区萎缩严重，洪灾频发……重视开发利用、忽视节约保护的行为曾经导致了一些流域出现水能资源失衡现象和程度不同的各种生态问题。这些惨痛的教训迫使我国及时调整治水思路和治水观念：人与自然必须和谐相处，治水必须尊重水生态法则，水能资源的开发利用应是在不超过生态系统自我调节和自我修复能力基础上的合理开发利用。

为缓解水能资源日益短缺的矛盾，自2001年以来，水利部已确立国家级和省级节水型社会建设试点100多个，在国家、流域和省区三大层面建立健全了由总量控制、定额管理、取水许可、水能资源有偿使用、建设项目水能资源论证、水功能区划管理、入河排污口监管等制度组成的水管理体系。

全国用水效率和效益正在稳步提高。2003～2006年，全国万元GDP用水量从448立方米下降到272立方米，灌溉水有效利用系数从0.44提高到0.46，万元工业增加值用水量从222立方米降低到149立方米，全国用水总量年均增幅不足1%，用水总量快速增长的趋势得到了有效的遏制。

在节水型社会建设取得重大进展的同时，我国的水生态修复也取得了巨大成就。截至2007年底，全国已累计完成水土流失综合治理面积100.2万平方千米，实施生态修复面积70.3万平方千米，在黄土高原地区建设淤地坝2.99万座。随着重点水土流失区治理步伐的加快，部分地区生态环境面貌得到了明显的改观。

改革开放30年来，国家不断加大流域水能资源管理与保护力度，逐步开展了以水利措施修复生态环境的实践，实现了黄河连续8年不断流，黑河、塔里木河下游生态与环境继续改善。如今，黑河水畅其流，滋润着中游的张掖绿洲和下游的额济纳草原，形成了一条绿色屏障，将腾格里沙漠和巴丹吉林大沙漠牢牢牵住,使戈壁荒漠再度唱响"天苍苍,野茫茫,风吹草低见牛羊"的牧歌,再次重现"天光云影共徘徊"的旖旎风光。

二、二次能源

(一) 二次能源概述

> **想一想**
> 二次能源有哪些优点?

二次能源是指由一次能源经过加工转换以后得到的能源,又可以分为过程性能源和合能体能源两类。电能就是应用最广的过程性能源,而汽油和柴油是目前应用最广的合能体能源。二次能源亦可解释为自一次能源中再被使用的能源,例如将煤燃烧产生的蒸汽能推动发电机,所产生的电能就是二次能源;或者电能被利用后,经由电风扇,再转化成风能,这时的风能也是二次能源。二次能源与一次能源间必定有一定程度的损耗。

二次能源可由常规能源加工或转换而来,也可由新能源转换而来。二次能源分为由常规能源中的燃料型能源转换而来的燃料型二次能源和由非燃料型能源转换而来的非燃料型二次能源,前者包括煤气、焦炭、汽油、煤油、柴油、重油、液化石油气、丙烷、甲醇、乙醇、苯胺、火药等,后者包括电、蒸汽、热水、余热等。由新能源转换而来的燃料型二次能源有沼气、氢等,非燃料型二次能源主要是激光。

二次能源通常都属高品质的能源,与一次能源相比,它的热值高、燃烧清洁、热效率高,运输、使用方便,较容易转换成其他形式的能量。二次能源中应用最多的燃料型能源是各种燃料油、煤气和焦炭,使用最多的非燃料型能源是电、蒸汽和热水。

(二) 燃料型二次能源

燃料型二次能源主要是气体燃料。气体燃料简称"煤气",是以可燃气体为主要成分的混合气体,它是人为地利用固体燃料或液体燃料加工而得到的气态二次能源。早期人工制取气体燃料都是用煤提炼的,称为"煤制气"或者"煤气",也称"瓦斯气"。随着城市气源的多样化,除了煤制气,还有油制气、天然气和液化石油气等。

1. 煤气。按制气原料和制气工艺的不同,煤气又可分为干馏煤气、汽化煤气和油制气。干馏煤气是指煤在隔绝空气的条件下加热、分解,生成焦炭(或半焦)、煤焦油、粗苯、煤气等产物的过程。汽化煤气是将原料煤或焦炭放入工业炉(发生炉、水煤气炉等)里燃烧,并通入空气、水蒸气,使其生成以一氧化碳和氢为主的可燃气体。油制气是将原料重油放入工业炉内,经压力、温度及催化剂的作用，使重油裂解，生成可燃气体，副产品有粗苯和碱渣等。

2. 生物气。指各种有机物质在隔绝空气的条件下发酵，在微生物的作用下经生化作用产生的可燃气体，亦称“沼气”。其成分为甲烷和二氧化碳，还有少量氮和一氧化碳，热值约为每立方米 22 兆焦。

3. 液化石油气。以凝析气田气、石油伴生气或炼厂气为原料，经加工而得的可燃物。主要成分为丙烷、丙烯、丁烷和丁烯，此外尚有少量戊烷及其他杂质。气态液化石油气的热值约为每立方米 93 兆焦左右，液态液化石油气热值为每立方米 46 兆焦左右。

另外，还有纯天然气、液化天然气、压缩天然气、凝析气田气、煤层气、矿井瓦斯和石油伴生气等。

（三）非燃料型二次能源

非燃料型二次能源主要指电能，电能是由其他一次能源转换而来的二次能源。由于其输送、控制、转换和使用都非常方便，又不污染环境，因此是一种非常优质的二次能源。

1. 电气化的重要意义。

（1）电气化是实现工业自动化和农业现代化的基础。电力在工农业中的广泛应用不但提高了劳动生产率和产品质量，改善了劳动条件，节约了原材料和燃料的消耗，而且为新技术的应用开辟了广阔的前景。

（2）电能替代其他能源可大大降低单位产值的能耗，节约能源。根据对人均 GDP 超过 400 美元的 80 多个国家和地区的分析，用电量占能源总耗量 35%左右的国家和地区，每一美元产值的能源消耗为 0.5～1 千克标准煤；而用电量占能源总耗量 18%左右的国家和地区，每一美元产值的能源消耗高达 2 千克标准煤。

（3）电气化为迅速提高现代社会的生活水平及文明程度奠定了物质基础。家用电器的广泛使用，大大减轻了人们的家务劳动强度，提高了生活质量。电视、电话的普及，提高了社会的文化水平。生活电气化大致分为三个阶段：第一阶段是电能仅用于照明及耗电较少的收音机、电视机等小型家用电器；第二阶段发展到使用耗电较多的冰箱、电饭煲、空调等；第三阶段则发展到电气采暖和家庭生活全面电气化。我国大部分地区目前处于第二阶段。

（4）发展电能是新能源的广泛应用和建立可持续发展能源系统的必然结果。无论是筑坝利用水能资源，还是太阳能、风能、生物能、地热能和海洋能的大规模利用，都是将这些能源首先转换成电能，核能利用也是如此。因此，在 21 世纪世界能源结构从传统的化石能源转向以可再生能源为基础的持久能源系统的过程中，以电能替代非电能源是一个不可逆转的发展趋势。

在能源构成中，电能消耗的指数通常标志着一个国家的发达程度和工业化水平。我国用于发电的能源在一次能源消费中所占的比重小于40%，而全球平均为50%以上，发达国家更是达到80%以上，可见我国工业化程度和人民生活水平还处于世界中下游水平。

2. 电力工业。

（1）世界电力工业。世界电力工业起源于19世纪后期。世界上第一台火力发电机组是1875年建于巴黎北火车站的直流发电机，用于照明供电。1879年，美国旧金山实验电厂开始发电，这是世界上最早出售电力的电厂。2007年，全球发电总量为19.89万亿度，其中美国为4.36万亿度、中国内地为3.27万亿度，比1990年增长5.24倍。

（2）我国电力工业。一个多世纪以来，中国电力工业从无到有，从小到大，已经成为名副其实的电力生产和消费大国。

由于电力建设具有周期长的特点，电力发展速度仍然赶不上国民经济的增长速度。到1986年，全国发电装机容量缺口达1400～1500万千瓦，发电量缺口达600～700亿千瓦时，全国还有35%的农户没有用上电。由于电力缺口大，拉闸限电频繁。电力工业的瓶颈更为突出，深化改革、加快发展成为广泛共识。1987年9月，国务院提出“政企分开、省为实体、联合电网、统一调度、集资办电”和“因地因网制宜”的方针。此后的10多年间，我国电力装机容量增长240%，净增装机容量2.4亿多千瓦。1995年，我国电力装机容量达2亿千瓦，2000年达3亿千瓦，2007年达7亿多千瓦。2007年，我国发电量达到32559亿千瓦时，用电量达到32458亿千瓦时，其中第一产业用电量为860亿千瓦时，第二产业用电量为24847亿千瓦时，第三产业用电量为3167亿千瓦时；城乡居民生活用电量为3584亿千瓦时，同比增长10.55%。

我国发电装机容量从新中国成立初期的185万千瓦发展到1亿千瓦用了38年时间，从1亿千瓦发展到2亿千瓦用了7年多的时间，从2亿千瓦发展到3亿千瓦仅用了5年的时间，从3亿千瓦发展到7亿千瓦只用了4年时间。电力工业的改革，特别是电力投资体制的改革和集资办电政策的实施，极大地调动了地方、外资等各方面办电的积极性，电力工业空前发展。1997年底，我国电力工业基本实现供需平衡，长达20多年的电力短缺局面基本结束，中国电力工业在取得电力供需基本平衡这一历史性成就后进入了一个新的发展阶段。

20世纪90年代后期，电力工业根据“公司制改组、商业化运营、法制化管理”的改革取向和“电网国家管、电厂大家办”的原则，在实行政企分开、推进股份制改造、实行业主负责制、建立资本金制度、完善电力法规、转换企业经营机制以及厂网分开、竞价上网、公平调度等方面进行了一系列改革和改革准备工作。

> **查一查**
>
> 关于我国年发电量及我国主要城市近年来的耗电量走势、建筑用电、工业用电等相关资料。

1997年1月，国家电力公司成立，实现了从行政性公司向实体性公司的转变，成为国有资产保值增值主体和电力发展主力军，公司整体实力明显增强。2001年，公司名列世界企业500强第77位。到2002年，国家电力公司共投产发电装机容量6183万千瓦，占全国新增加机组的66.7%。电网建设、全国联网和西电东送发展迅速，电力资源在全国范围内的优化配置迈出实质性步伐，南方电网西电东送能力达到300万千瓦，蒙电东送能力达到109万千瓦，东北与华北、华东与福建联网工程建成投运。通过电网建设与改造，解决了2500多万人的用电问题。电力结构调整明显加快，压缩小火电951.9万千瓦，占全国关停总量的80%。投入资金2600多亿元，改造了269个城网和2500多个农网。通过城市和农村电网改造，城市电价平均每度降低5分钱，减轻用户负担400亿元；农村电价平均每度降低1角3分钱，减轻农民负担350亿元。供电煤耗每度电平均降低12～15克，相当于节约煤炭600万～700万吨；线损率降低0.38个百分点，相当于全国可节约电量32亿千瓦时，折合标准煤119亿吨。

3. 蒸汽。蒸汽作为二次能源，广泛用于各种加热过程，是纺织、轻工、化工、制药、食品、建材、采暖等行业的理想热源。

在一定的压力下对水加热，使水温升高至沸点，此时的水称为“饱和水”，相应的沸腾温度称为“饱和温度”，相应的压力称为“饱和压力”。如果对饱和水继续加热，水就开始沸腾并逐步变为蒸汽，这时饱和压力和饱和温度都不变，蒸汽和水共存的状态称为“湿饱和蒸汽”。随着加热过程的继续进行，水逐渐减少，蒸汽逐渐增多，直至水全部变为蒸汽，这时的蒸汽称为“干饱和蒸汽”或“饱和水蒸气”。

大多数用户都采用饱和蒸汽作为热源，利用的是蒸汽凝结所放出的汽化热。锅炉是生产蒸汽的主要装置。

4. 热水。热水是除蒸汽之外被用作热源的另一种二次能源。热水大多由热水锅炉提供，少量是由高温蒸汽将水加热而获得的。

5. 余热。工业企业有着丰富的余热资源。从广义上讲，凡是温度比环境高的排气和待冷物料所包含的热量都属于余热。具体而言，可以将余热分为以下6类：

（1）高温烟气余热。指各种冶炼窑炉、加热炉、内燃机等排出的余热。这类余热数量最大，占整个余热的50%以上，其温度为650～1650℃。

（2）可燃废气、废液、废料的余热。如高炉煤气、炼油厂可燃废气、化肥厂的造气炉渣、城市垃圾等，它们不仅具有物理热，而且还含有可燃气体。可燃废气的燃烧温度在600～1200℃。

（3）高温产品和炉渣的余热。其中有焦炭、高炉炉渣、钢坯钢锭、出窑的水泥和砖块等，它们在冷却的过程中会放出大量的物理热。

（4）冷却介质的余热。指各种工业窑炉壳体在人工冷却过程中冷却介质所带走的热量，如电炉、锻造炉、转炉、高炉等都需采用水冷，水冷产生的热水和蒸汽都可以利用。

（5）化学反应余热。指化学生产过程中的化学反应热，这些热量又可以在工艺过程中再加以利用。

（6）废气、废水的余热。这种余热来源很广，如热电厂供热后的废水、废气，各种动力机械的排气以及各种化工、轻纺工业蒸发、浓缩过程中产生的废气和排放的废水等。

阅读材料

浙江嘉兴实现“县县电气化”的目标

2007年12月初，随着嘉兴市所属嘉善和平湖先后通过省有关部门组织的新农村电气化县考评，嘉兴所辖5个县(市)已全部通过新农村电气化县的验收，在全省首批实现“县县电气化”的目标。

桐乡市供电局目前已投入7000多万元用于电网改造，除12个乡镇全部通过了新农村电气化乡(镇)的考评验收外，还有95个村成为新农村电气化村，众多乡镇羊毛衫企业得以快速发展，一些企业也开始由小规模贴牌生产向高档次品牌建设过渡。

桐乡的成就是嘉兴市其他县(市)新农村电气化建设的一个缩影：海宁投入2543万元新增10千伏线路约20千米、低压线路约65千米、农村公变88台，改造和增容配变43台，促进了闻名全国的皮革产业的发展；海盐投入2500万元在全县新布点配变台区192个，新增配变159台，以应对不断扩大的紧固件产业配套用电；嘉善、平湖等地也投入巨资建设农村电网，确保了当地农村特色产业发展的生产供电。

2008年嘉兴电力局共投入约1.77亿元，用于5个县（市）31个乡镇300个村的新农村电气化建设。截至2008年11月，该市已累计完工新农村电气化村300余个，改造10千伏线路约152千米，新建、改造配电台区948个，补点、增容750个，净增配变容量81151千伏安，改造低压线路812千米，接户线改造22103户，为当地农民的生产生活提供了便利。

2010年，嘉兴市电网建设继续保持高投入，全年完成电网投资23.12亿元，圆满完成了2010年初制定的电网建设工作计划，完成了年度开工投产计划，完成特（超）高压工程政策处理，准点完成高铁牵引站配套线路工程，深入推进20千伏电网建设和中心镇电网建设，电网供电能力进一步提高。2011年嘉兴电网将投资18.4亿元，加快建设智能电网，全面提升电网建设质量，深化电网内涵式发展理念，为“十二五”嘉兴电网科学发展奠定基础。

练习与提高

1. 什么是石油？石油是怎样形成的？简述世界石油资源的分布情况。
2. 石油同煤相比有哪些优点？
3. 煤炭是怎样形成的？简述世界已探明的煤炭储量及其主要分布情况。
4. 常用的动力煤有哪些种类？
5. 什么是天然气？
6. 天然气有哪些优点？有哪些危害？
7. 天然气有哪些特性？
8. 简述我国天然气资源的分布和开发利用情况。
9. 什么是水能资源？简述世界水能资源的主要分布情况。
10. 我国水能资源有哪些特点？
11. 我国三峡工程的哪些设计指标突破了世界水利工程的纪录？
12. 什么是二次能源？二次能源有哪些优点？
13. 什么是气体燃料？
14. 简述电气化的重要意义。
15. 论述我国电力工业发展情况。
16. 工业余热有哪些种类？

第三单元
新能源

教学目标

1. 了解太阳能的概念和我国太阳能资源概况，掌握太阳能资源及开发利用特点。
2. 了解风能的概念和风能利用状况。
3. 了解核能的概念和核能利用状况。
4. 了解生物能、地热能、海洋能、氢能的概念、特点及利用状况。

新能源是指传统能源之外的各种能源形式，这些能源都是直接或者间接地来自太阳或地球内部所产生的热能，包括了太阳能、风能、生物能、地热能、水能、海洋能以及由可再生能源衍生出来的生物燃料和氢所产生的能量。

课题一

太阳能

知识要点

1. 太阳的组成
2. 太阳能的概念
3. 太阳能资源与利用
4. 我国太阳能资源概况

太阳是银河系1000亿颗恒星中的普通一员，约在46亿年前形成，它至少还有50亿年的寿命。太阳是一个高温、高压、高密度的星球，在其内部进行着核聚变反应，释放出大量的光和热。对于人类来说，光辉的太阳无疑是宇宙中最重要的天体。万物生长靠太阳，没有太阳，地球上就不可能有姿态万千的生命现象，当然也不会孕育出作为智能生物的人类。太阳给人们以光明和温暖，它带来了日夜和季节的轮回，左右着地球冷暖的变化，为地球上的生命提供了各种形式的能源。那么，太阳的组成是怎样的？什么是太阳能呢？

一、太阳的组成

在浩瀚的繁星世界里，太阳的亮度、大小和物质密度都处于中等水平，只是因为它离地球最近，所以看上去是天空中最大最亮的天体。组成太阳的物质大多是普通的气体，其中氢约占71%、氦约占27%、其他元素约占2%。太阳从中心向外可分为核反应层、辐射层、对流层和太阳大气层。太阳的大气层按不同的高度和不同的性质分成三个圈层，即光球层、色球层和日冕层(图3-1)。我们平常看到的太阳表面是太阳大气的最底层，温度约6000℃。

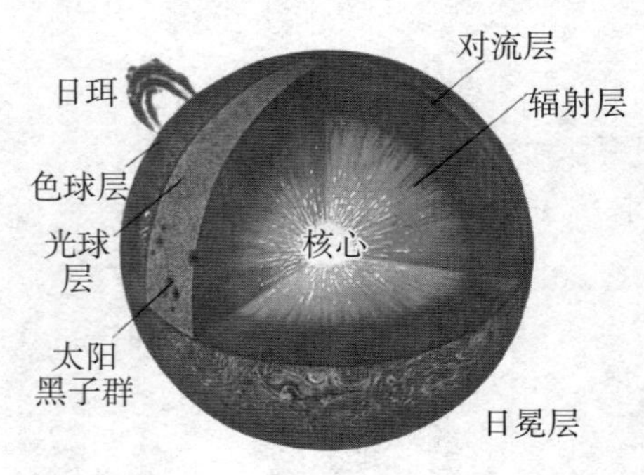

图3-1 太阳内部结构示意图

太阳的核心区域虽然很小，半径

只有太阳半径的 1/4，但却是太阳巨大能量的真正源头。太阳核心的温度极高，达 1500 万℃；压力也极大，使得由氢聚变为氦的热核反应得以发生，从而释放出大量的能量。这些能量通过辐射层和对流层中物质的传递，才得以传送到达太阳光球的底部，并通过光球向外辐射出去。

太阳光球就是我们平常所看到的太阳圆面，通常所说的太阳半径也是指光球的半径。太阳光球的表面呈气态，其平均密度只有水的几亿分之一，但由于它的厚度达 500 千米，所以光球是不透明的。太阳光球表面另一种著名的现象便是太阳黑子。黑子是光球层上的巨大气流旋涡，大多呈现近椭圆形，在明亮的光球背景反衬下显得比较暗黑，但实际上它们的温度却高达 4000℃左右。日面上黑子出现的情况不断变化，这种变化反映了太阳辐射能量的变化。太阳黑子的变化存在复杂的周期现象，平均活动周期为 11.2 年。

紧贴光球的一层大气称为色球层，平时不易被观测到，这一区域只有在日全食时才会被看到。当月亮遮掩了光球明亮光辉的一瞬间，人们会发现日轮边缘上有一层玫瑰红的绚丽光彩，那就是色球。色球层厚约 8000 千米，它的化学组成与光球基本相同，但色球层内的物质密度和压力要比光球层低得多。日常生活中，离热源越远温度越低，而太阳大气的情况却截然相反，光球顶部接近色球层的温度差不多是 4300℃，到了色球顶部温度竟高达几万摄氏度，再往上到日冕区，温度陡然升至上百万摄氏度。

在色球层，人们还能够看到许多腾起的火焰，这就是天文学上所称的“日珥”。日珥是迅速变化着的活动现象，一次完整的日珥过程一般持续几十分钟。同时，日珥的形状也是千姿百态的，有的如浮云烟雾，有的似飞瀑喷泉，有的好似一座拱桥，也有的酷似团团草丛，不胜枚举。

在日全食时的短暂瞬间，常常可以看到太阳周围除了绚丽的色球外，还有一大片白里透蓝、柔和美丽的晕光，这就是太阳大气的最外层——日冕层。日冕层的范围在色球层之上，一直延伸到几个太阳半径的地方。日冕层里的物质更加稀薄，它还会做向外膨胀运动，并使得热电离气体粒子连续地从太阳向外流出而形成太阳风。

太阳看起来很平静，实际上无时无刻不在发生剧烈的活动。太阳表面和大气层中的活动现象，诸如太阳黑子、耀斑和日冕物质喷发等，会使太阳风大大增强，造成许多地球物理现象，例如极光增多、大气电离层和地磁的变化。太阳活动和太阳风的增强还会严重干扰地球上无线电通信及航天设备的正常工作，使卫星上的精密电子仪器遭受损害，地面电力控制网络发生混乱，甚至可能对航天飞机和空间站中宇航员的生命构成威胁。因此，监测太阳活动和太阳风的强度，适时作出空间气象预报显得越来越重要。

二、太阳能的概念

> **想一想**
>
> 什么是太阳能？

太阳能一般指太阳光的辐射能量。在太阳内部进行的由氢聚变成氦的原子核反应不停地释放出巨大的能量，并不断地向宇宙空间辐射，这种能量就是太阳能。太阳内部的这种核聚变反应可以维持几十亿至上百亿年的时间。太阳向宇宙空间发射的辐射功率为 3.8×10^{23} 千瓦的辐射值，其中 20 亿分之一到达地球大气层。到达地球大气层的太阳能有 30%被大气层反射，23%被大气层吸收，其余的到达地球表面，其功率约为 80 万亿千瓦。也就是说，太阳每秒钟照射到地球上的能量就相当于燃烧 500 万吨煤释放的热量。

广义上的太阳能是地球上许多能量的来源，地球上的风能、水能、海洋温差能、波浪能、生物能以及部分潮汐能都来源于太阳。即使是地球上的化石燃料（如煤、石油、天然气等），从根本上说也是远古以来贮存下来的太阳能，所以广义的太阳能所包括的范围非常大。狭义的太阳能则限于太阳辐射能的光热、光电和光化学的直接转换。

太阳能既是一次能源，又是可再生能源。它资源丰富，既可免费使用，又无须运输，对环境无任何污染。因此，充分利用太阳能可以为人类创造一种新的生活形态，使社会及人类进入一个节约能源、减少污染的时代。

三、太阳能资源与利用

世界各国尤其是发达国家对 21 世纪的能源问题都特别关注，尽管目前太阳能的利用在世界能源消费中仅占很小的一部分，但各国专家都看好太阳能等可再生能源。如果说 20 世纪是石油世纪的话，那么 21 世纪则是可再生能源的世纪，也是太阳能的世纪。据权威专家估计，如果实施强化可再生能源的发展战略，到 21 世纪中叶，可再生能源可占世界电力市场的 3/5、燃料市场的2/5。在世界能源结构转换中，太阳能处于突出位置，在 21 世纪初进入一个快速发展阶段，并在 2050 年左右达到 30%的比例，仅次于核能居第二位，到 21 世纪末将取代核能居第一位。

太阳能资源及其开发利用的特点如下：

（一）优点

1. 普遍性。无论陆地或海洋，无论高山或岛屿，处处有太阳光照射，可直接开发、利用太阳能，且无须开采和运输。

2. 无害性。开发、利用太阳能不会污染环境，所以它是最清洁的能源之一。在环境污染越来越严重的今天，这一点是极其宝贵的。

说一说

太阳能资源及其开发利用的特点是什么？

3. 巨大性。每年到达地球表面的太阳辐射能相当于130万亿吨标准煤，其总量是现今世界上可以开发的最大能源。

4. 长久性。根据目前太阳产生的核能速率估算，太阳中氢的储量足够维持上百亿年，而地球的寿命约为几十亿年。从这个意义上讲，太阳的能量是用之不竭的。

（二）缺点

1. 分散性。到达地球表面的太阳辐射能的总量尽管很大，但是能流密度很低。在北回归线附近，夏季在天气较为晴朗的情况下，正午时太阳辐射的辐照度最大，在垂直于太阳光方向1平方米面积上接收到的太阳能平均有1000瓦左右；若按全年日夜平均，则只有200瓦左右。在冬季大致只有一半，阴天一般只有1/5左右。这样的能流密度是很低的。因此，在利用太阳能时，想要得到一定的转换功率，往往需要面积相当大的一套收集和转换设备，造价较高。

2. 不稳定性。由于受到昼夜、季节、地理纬度和海拔等自然条件的限制以及晴、阴、云、雨等随机因素的影响，到达某一地面的太阳辐照度既是间断的，又是极不稳定的，这给太阳能的大规模利用增加了难度。为了使太阳能成为连续、稳定的能源，从而最终成为能够与常规能源相竞争的替代能源，就必须很好地解决蓄能问题，即把晴朗白天的太阳辐射能尽量贮存起来，以供夜间或阴雨天使用，但目前蓄能也是太阳能利用中较为薄弱的环节之一。

3. 效率低，成本高。目前太阳能利用的发展水平，有些方面在理论上是可行的，技术上也是成熟的，但有的太阳能利用装置因为效率偏低，成本较高，总的来说，经济性还不能与常规能源相竞争。在今后相当长的一段时期内，太阳能利用的进一步发展主要受到经济性的制约。

四、我国太阳能资源概况

我国幅员广大，有着十分丰富的太阳能资源。据估算，我国陆地表面每年接受的太阳辐射能约为50×10^{18}千焦，全国各地太阳年辐射总量达3340～8360兆焦/平方米。从全国太阳年辐射总量的分布来看，西藏、青海、新疆、内蒙古南部、山西、陕西北部、河北、山东、辽宁、吉林西部、云南中部和西南部、广东东南部、福建东南部、海南岛东部和西部以及台湾西南部等广大地区的太阳辐射总量很大。尤其是青藏高原地区，那里平均海拔在4000米以上，大气层较薄，透明度好，纬度低，日照时间长。例如被人们称为“日光城”的拉萨市，年平均日照时间为3005.7小时，相对日照为68%；年平均晴天为108.5天，阴天为98.8天；年平均云量为4.8，年太阳总辐射为8160兆焦/平方米，比全国其他省市和同纬度的地区都高。全国以四川和贵州两省的太阳年辐射总量为最小，尤其是四川盆地，那里雨多、雾多，晴天较少。例如素有“雾都”之称的成都市，年平均日照时数仅为1152.2小时，相对日照为26%；年平均晴天为24.7天，阴天达244.6天；年平均云量高达8.4。

我国太阳能资源分布的主要特点有：①太阳能的高值中心和低值中心都处在北纬22°～35°这一带，青藏高原是高值中心，四川盆地是低值中心；②太阳年辐射总量西部地区高于东部地区，而且除西藏和新疆两个自治区外，基本上是南部低于北部；③由于南方多数地区云雾雨多，在北纬30°～40°地区，太阳能的分布情况与一般的太阳能随纬度而变化的规律相反，太阳能不是随着纬度的增加而减少，而是随着纬度的增加而增加。

按接受太阳能辐射量的大小，全国大致上可分为五类地区（表3-1）：

一类地区。全年日照时数为3200～3300小时，年辐射总量在6680～8400兆焦/平方米，相当于225～285千克标准煤燃烧所放出的热量。主要包括青藏高原、甘肃北部、宁夏北部和新疆南部等地。这类地区是我国太阳能资源最丰富的地区，与印度和巴基斯坦北部的太阳能资源相当。

表3-1 中国太阳能资源分布

地区类型	年日照时数（小时）	年辐射总量（兆焦/平方米）	等量热量所需标准燃煤(千克)	主要地区	国外相当地区	备注
一类	3200～3300	6680～8400	225～285	宁夏北部、甘肃北部、新疆南部、青海西部、西藏西部	印度、巴基斯坦	太阳能资源最丰富地区
二类	3000～3200	5850～6680	200～225	河北西北部、山西北部、内蒙古南部、宁夏南部、甘肃中部、青海东部、西藏东南部	印度尼西亚的雅加达	太阳能资源较丰富地区
三类	2200～3000	5000～5850	170～200	山东、河南、河北东南部、山西南部、新疆北部、吉林、辽宁、云南、陕西北部、甘肃东南部、广东南部、福建南部、江苏北部和安徽北部		太阳能资源中等地区

续表

地区类型	年日照时数（小时）	年辐射总量（兆焦/平方米）	等量热量所需标准燃煤(千克)	主要地区	国外相当地区	备　注
四类	1400～2200	4200～5000	140～170	湖南、广西、江西、浙江、湖北、福建北部、广东北部、陕西南部、安徽南部	意大利的米兰	太阳能资源较差地区
五类	1000～1400	3350～4200	115～140	四川大部分地区、贵州	巴黎、莫斯科	太阳能资源最差地区

二类地区。全年日照时数为3000～3200小时，年辐射总量在5850～6680兆焦/平方米，相当于200～225千克标准煤燃烧所放出的热量。主要包括河北西北部、山西北部、内蒙古南部、宁夏南部、甘肃中部、青海东部、西藏东南部等地。这类地区为我国太阳能资源较丰富的地区。

三类地区。全年日照时数为2200～3000小时，年辐射总量在5000～5850兆焦/平方米，相当于170～200千克标准煤燃烧所放出的热量。主要包括山东、河南、河北东南部、山西南部、新疆北部、吉林、辽宁、云南、陕西北部、甘肃东南部、广东南部、福建南部、江苏北部和安徽北部等地。

四类地区。全年日照时数为1400～2200小时，年辐射总量在4200～5000兆焦/平方米，相当于140～170千克标准煤燃烧所放出的热量。主要包括长江中下游、福建、浙江和广东的一部分地区。这些地区春夏多阴雨，秋、冬季太阳能资源尚可。

五类地区。全年日照时数约1000～1400小时，年辐射总量在3350～4200兆焦/平方米，相当于115～140千克标准煤燃烧所放出的热量。主要包括四川、贵州两省。这类地区是我国太阳能资源最少的地区。

议一议

本地区太阳能资源及开发利用现状。

一、二、三类地区年日照时数大于2000小时，年辐射总量高于5000兆焦/平方米，是我国太阳能资源丰富或较丰富的地区。这些地区面积较大，约占全国总面积的2/3以上，具有利用太阳能的良好条件。四、五类地区虽然太阳能资源条件较差，但仍有一定的利用价值。总体来说，太阳能作为一种新能源，它是人类可以利用的最丰富的能源，足以供地球人类使用几十亿年。地球上无论何处都有太阳能，都可以就地开发利用，不存在运输问题。尤其是在交通不发达的农村、海岛和边远地区，太阳能就更有利用价值。太阳能是一种洁净的能源，在开发和利用时不会产生废渣、废水、废气，也没有噪声，更不会影响生态平衡，不会造成污染与公害。

课题二

风 能

知识要点

1. 风能概况
2. 风能利用情况

风是地球上的一种自然现象，它是由太阳辐射热引起的。那么，什么是风能？人们又是怎样利用风能的呢？

一、风能概况

太阳照射到地球表面，地球表面各处受热不同，产生温差，从而引起大气的对流运动形成风。风是流动的空气，有速度，有密度，所以包含能量。风能就是空气流动所产生的动能。

风很早就被人们加以利用，主要是通过风车来抽水、磨面等。风是一种潜力很大的新能源，大风所具有的能量是很大的。风速9～10米／秒的5级风，吹到物体表面上的力，每平方米面积上约有10千克；风速20米／秒的9级风，吹到物体表面上的力，每平方米面积可达50千克左右。台风的风速可达50～60米／秒，它对每平方米物体表面上的压力高达200千克以上。汹涌澎湃的海浪是被风激起的，它对海岸的冲击力是相当大的，有时可达每平方米20～30吨，最大时甚至可达每平方米60吨左右。18世纪初，横扫英法两国的一次狂暴大风摧毁了400座风力磨坊、800座房屋、100座教堂、400多条帆船，并有数千人受到伤害，25万株大树被连根拔起。仅就拔树一事而论，风在数秒钟内就能发出750万千瓦（1000万马力）的功率！据估计，到达地球的太阳能中虽然只有大约2%转化为风能，但其总量仍是十分可观的。据世界气象组织估计，全球的风能总量约为2.74×10^{7}兆瓦，其中可利用的风能为2×10^{7}兆瓦，比地球上可开发利用的水能总量还要多10倍。

风能是干净的能源，古代就利用风能作为动力，用风带动简易的传动装置，用以磨米、灌溉（图3-2）和排涝。在古埃及、古希腊的历史上也都有使用风车的记载。堂吉诃德把风车当做魔鬼，与之奋战一场，也说明在人类历史上早就利用过风的力量。

图 3–2 利用风能灌溉

风中含有的能量比人类迄今为止所能控制的能量高得多，全世界每年燃烧煤炭得到的能量还不到风力在同一时间内所提供的能量的 1%。可见，风能是地球上非常重要的能源之一。合理利用风能，既可减少环境污染，又可减轻越来越大的能源短缺压力。因此，国内外都很重视利用风力来发电，开发新能源。

二、风能利用情况

目前风能利用的主要形式是风能发电和风能提水，其主要设备是风力机和风力发电系统。风力提水的历史悠久，我们可以想象到荷兰的大风车、《堂吉诃德》里面的风车。近代的风力提水发展得最好的国家应该算是荷兰了。荷兰被称作“风车之国”，在还没有电能的时候，就开始利用风能生产、生活了，1880 年最鼎盛的时期有 10000 多架风车。荷兰人拦海造田，风车帮助他们提干了海水，留下大片土地。荷兰还制定出世界上最特别的法律——《风法》，授予风车主人以“风权”，他人不得在其风车附近修筑其他建筑物。

（一）风力发电的兴起

1973 年石油危机之前，风力发电技术仍处于科学研究阶段，主要在高校和科研单位进行开发研究，政府从技术储备的角度提供少量科研费用。1973 年以后，一方面，风力发电作为能源多样化措施之一列入了能源规划，一些国家将风力发电作为工业化试点应用给予政策扶持，以减税、抵税和价格补贴等经济手段给予激励，推进了风力发电工业化的发展。进入 20 世纪 90 年代，风力发电技术日趋成熟，风场实现规模建设。另一方面，全球环境严重恶化，发达国家开始征收能源和炭税，环保对常规发电提出新的、更严格的要求。这些情况的变化，缩短了风力发电与常规发电价格竞争的差距，风力发电正式进入商业化发展阶段。

想一想

风力发电是何时兴起的呢？

（二）世界风力发电情况

随着全球经济的发展，风能市场也迅速发展起来。自 2004 年以来，全球风力发电能力翻了一番，2006～2007 年间，全球风能发电装机容量扩大了27%，2007 年已有 9 万兆瓦，2010 年一年间世界各地新建的风力发电设备装机总容量为 3580 万千瓦，到 2010 年底全球风电装机总容量为 1.9439 亿千瓦，直逼 2 亿千瓦大关。预计在未来 20～25 年内，世界风能市场每年将递增 25%。随着技术的进步和环保事业的发展，风能发电在商业上将完全可以与燃煤发电竞争。

1. 中国风电利用情况。“十五”期间，中国的并网风电得到迅速发展。2006 年，中国风电累计装机容量已经达到 260 万千瓦，成为继欧洲、美国和印度之后发展风力发电的主要市场之一。2007 年，我国风电产业规模延续暴发式增长态势，截至 2007 年底，全国累计装机容量约 600 万千瓦。2008 年 8 月，中国风电装机总量已经达到 700 万千瓦，占全国发电总装机容量的 1%，位居世界第五，2008 年以来，国内风电建设的热潮达到了白热化的程度。到 2010 年，累计装机容量可达 2000 万千瓦，位居世界第一。这也意味着中国已进入可再生能源大国行列。

根据全国 900 多个陆地气象站10 米高度资料初步估算，我国可开发和利用的陆地上风能储量为 2.53 亿千瓦，近海可开发和利用的风能储量为 7.5 亿千瓦，共计约 10 亿千瓦。

目前，国内企业已经基本掌握兆瓦级以下的风电机组制造技术，主要零部件实现国产化。1～2 兆瓦容量的机组已经研制出多种样机，2006 年底金风公司 1.2 兆瓦直驱型风机通过国家验收；沈阳工大风能所承担的科技部“863”计划研究成果——1 兆瓦变桨双馈变速机组样机也于 2006 年下线，已经安装在营口风场进行实验；东方汽轮机厂引进的 1.5 兆瓦变桨双馈变速技术和哈尔滨哈飞威达公司引进的 1 兆瓦半直驱技术的样机也安装到国内风电场开始进行野外运行实验，标志着国产兆瓦级变桨变速机组取得了进展。“十一五”期间，国家一方面支持已有成果的进一步完善，推进其产业化，同时继续组织2兆瓦～3兆瓦大型风电机组的研制，并着手海上风电场的研究工作。

中国风力等新能源发电行业的发展前景十分广阔，预计未来很长一段时间都将保持高速发展，同时赢利能力也将随着技术的逐渐成熟稳步提升。2009年，该行业的利润总额将保持高速增长，预计2010～2011年增速将达到60%以上。

风电发展到目前阶段，其性价比正在形成与煤电、水电的竞争优势。风电的优势在于：能力每增加一倍，成本就下降15%。近几年，世界风电增长一直保持在30%以上。随着中国风电装机的国产化和发电的规模化，风电成本可望再降。

2. 其他国家风电利用情况。全球风能理事会（GWEC）日前公布的年度数据显示，2008年全球整体风电装机容量保持快速增长，处于领先地位的是美国和中国市场。美国新增装机容量8358兆瓦，总装机容量达到25170兆瓦，超过德国（23902兆瓦），位居世界第一。欧洲与北美齐头并进，2008年新增装机容量均为8900兆瓦，亚洲以8600兆瓦紧随其后。中国风电总装机容量连续四年翻番增长。在欧洲、北美和亚洲三大主力市场的驱动下，2008年世界风电新增装机容量超过27000兆瓦，比2007年增长28.8%，高于过去10年的平均值。到2008年底，风电总装机容量达到120800兆瓦，装机总值达365亿欧元（475亿美元），每年减少二氧化碳排放1.58亿吨。

就经济性和能源安全两个方面而言，风电是新增发电能力中最具吸引力的，更不用说其环境效益和经济效益。风电产业还创造了大量的就业机会，2008年风电产业的从业人员超过40万，未来几年将达到上百万。

2008年，美国风电市场的大规模增长将美国整体风力发电能力提升了50%，2008年内竣工的风电项目占本年度美国所有新增发电能力的42%，新增3.5万个就业机会，风电行业从业人员总数达到8.5万人。

2008年世界风电新增装机容量的近1/3在亚洲。为应对金融危机的影响，中国政府已将发展风能作为经济关键增长点之一，2010年全国新增风电装机容量1650万千瓦，比位列第二的美国（511.5万千瓦）多出2倍多。这意味着中国的装机总容量远超美国，是世界第一风电大国。并且我国将于2020年实现总装机容量3万兆瓦的目标。

在欧洲，相当于约8900兆瓦的新增风电机组使欧洲总体风力发电能力增加到近66000兆瓦，使风电成为新增发电能力中的主力电源。过去，欧洲风电市场的发展主要靠德国、西班牙和丹麦等成熟市场的推动；2008年，在法国、英国和意大利的引领下，市场的拓展更加均衡。

美国总统奥巴马在其就职演讲中提到："我们将利用太阳、风和土壤来为我们的汽车和工厂提供能源。"美国媒体认为，从这番讲话来看，风能很可能成为奥巴马新能源计划中的"三驾马车"之一。美国是世界上最大的能源消耗国，也是总体科技实力最强的国家，新任总统如此表态，无疑将对风能技术的研发和应用产生重要影响。

（三）影响中国风电商业化的因素

当前，风力发电商业化的突出问题是：单位造价偏高，风资源的特点决定设备年利用时间仅为 2500～3400 小时，再加上其他原因，使上网电价偏高。

以美国为例，20 世纪 80 年代初风电上网电价每千瓦时为 40 美分，90 年代中期降到 5 美分。由于各种原因，我国目前上网电价偏高。表 3-2 为我国部分省（区）风电上网电价。

表 3-2　我国部分省（区）风电上网电价

序号	风电场名称	上网电价（元／千瓦时）	序号	风电场名称	上网电价（元／千瓦时）
1	浙江苍南风电场	1.20	11	海南东方风电场	0.65
2	河北张北风电场	0.98	12	广东惠来海湾石风电场	0.65
3	辽宁东岗风电场	0.92	13	内蒙古锡林浩特风电场	0.65
4	辽宁大连横山风电场	0.90	14	广东南澳振能风电场	0.62
5	吉林通榆风电场	0.90	15	内蒙古朱日和风电场	0.61
6	黑龙江木兰风电场	0.85	16	内蒙古辉腾锡勒风电场	0.61
7	上海崇明南汇风电场	0.77	17	内蒙古商都风电场	0.61
8	广东汕尾红海湾风电场	0.74	18	新疆达坂城风电场一厂	0.53
9	广东南澳风电场	0.74	19	新疆达坂城风电场二厂	0.53
10	甘肃玉门风电场	0.73	20	福建东山澳仔山风电场	0.46

影响风电上网电价的主要因素有以下几个因素：

1. 工程费用。机组费用占很大的比例，如果降低其成本，就能大幅度减少工程造价。

说一说

影响中国风电商业化的因素有哪些？

2. 资金渠道。风力发电成本中的85%取决于建设工程费用。工程投资中除了法定资本金外，大部分由各种信贷解决，贷款条件（利率、还款期和手续费等）对项目财务评价影响很大。目前，政府对风力发电没有投资补贴，优惠资金渠道不多。如果政府不采取扶持政策，那么风力发电建设资金渠道会较长时间影响风力发电的规模发展。

3. 税收。1998年起免征大型风机进口关税，这对风力发电建设是很大的扶持（在未免征之前，关税率24.02%，使整个工程造价提高15%）。

国家征收发电环节增值税，风力发电成本电价本来就高，又没有进项税扣减，不论征收6%或17%，都会使上网电价按比例上升。对于所得税，可再生能源项目目前没有任何优惠，不论对经营者收益或上网电价核算都有很大的影响。

4. 开发商的经营管理水平。开发经营者对项目全过程的管理水平不仅影响项目的成败，而且直接影响到风力发电能否顺利进入市场竞争。

随着人们环保意识的增强，各国政府支持可再生能源政策的出台，为风力发电的发展创造了有利环境，商业化势在必行。特别是风力发电技术，经过30年的实践已日趋成熟，设备的工业化可以提供性能可靠、价格逐步下降的大型风电设备，显示出风力发电参与电力市场竞争能力已大大提高。

核能

知识要点

1. 核能的来源
2. 核能利用情况

核能是人类历史上的一项伟大发明，这离不开早期西方科学家的探索发现，他们为核能的应用奠定了基础。那么，什么是核能呢？人们又是怎样利用核能发电的？

一、核能的来源

核能是原子核裂变或聚变过程中所释放出的能量。原子核直径只有 1/10 万亿厘米，人用肉眼根本看不到，但它内部蕴藏的能量却非常大。如果能让 1 千克铀 235 的原子核全部分裂成碎片，也就是发生裂变(图 3-3)，则它可释放出相当于 2700 吨标准煤完全燃烧后所释放出的能量。

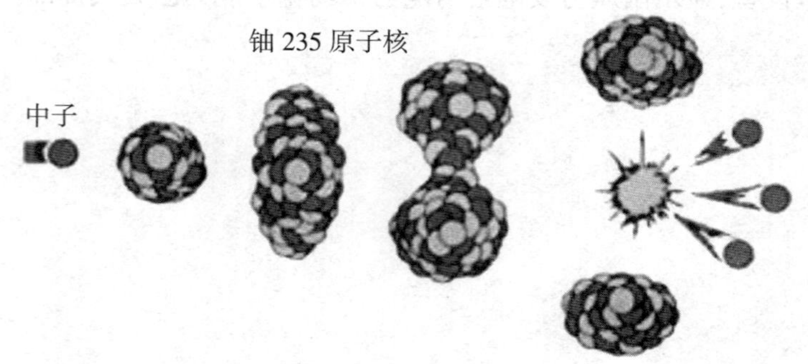

图 3-3　铀 235 裂变反应示意图

那么，怎样才能使原子核内部蕴藏的巨大能量释放出来呢？科学家通过实验和研究发现，当一个铀 235 原子核在吸收了一个能量适中的中子后，就会由于内部不稳定而分裂成两个或多个质量较小的原子核(裂变碎片)，这种现象就叫做“核裂变”。一个铀 235 原子核每次裂变可释放出约 200 兆电子伏能量和 2～3 个新的中子。只要条件适中，新的中子就可以使新的原子核发生新的裂变，在产生能量的同时又分裂出更多的原子核，释放出更多的中子，从而不断发生裂变反应，使原子核内的能量被源源不断地释放出来。

核电站是利用原子核内部蕴藏的能量大规模生产电力的新型发电站，它与我们常见的火力发电厂一样，都是用蒸汽推动汽轮机旋转，带动发电机发电的。

二、核能利用情况

（一）核能发电

> **想一想**
>
> 人们是怎样利用核能发电的？

1. 核能发电过程。核能发电是利用核反应堆中核裂变所释放出的热能进行发电的。发电过程为核能→水和水蒸气的内能→发电机转子的机械能→电能。它与火力发电极其相似，只是以核反应堆及蒸汽发生器来代替火力发电的锅炉，以核裂变能代替矿物燃料的化学能。

核能发电利用铀燃料进行核分裂连锁反应所产生的热，将水加热成高温高压。核反应所放出的热量较燃烧化石燃料所放出的热量要高很多（约高百万倍），因此需要的燃料体积比火力电厂少得多。核能发电使用的铀 235 只占燃料总量的 3%～4%，其余皆为无法产生核分裂的铀 238。举例而言，核电厂每年要用掉 80 吨核燃料，只要 2 只标准货柜就可以运载；如果换成燃煤，需要 515 万吨，每天要用 20 吨的大卡车运 705 车才够；如果使用天然气，需要 143 万吨，相当于每天烧掉 20 万桶家用瓦斯。

2. 核能发电原理。核能发电的能量来自核反应堆中可裂变材料（核燃料）进行裂变反应所释放的裂变能。裂变反应指铀 235、钚 239、铀 233 等重元素在中子作用下分裂为两个碎片，同时放出中子和大量能量的过程。反应中，可裂变物的原子核吸收一个中子后发生裂变并放出两三个中子，若这些中子除去消耗，至少有一个能引起另一个原子核裂变，使裂变持续地进行，则这种反应称为“裂变链式反应”。实现裂变链式反应是核能发电的前提。

要用反应堆产生核能，需要解决以下 4 个问题：①为核裂变链式反应提供必要的条件，使之得以进行；②裂变链式反应必须能由人通过一定装置进行控制，失去控制的裂变能不仅不能用于发电，还会酿成灾害；③裂变反应产生的能量要能从反应堆中安全取出；④裂变反应中产生的中子和放射性物质对人体危害很大，必须设法避免它们对核电站工作人员和附近居民造成伤害。

世界上有比较丰富的核资源，核燃料有铀、钍、氘、锂、硼等等。世界上铀的储量约为417万吨。地球上可供开发的核燃料资源可提供的能量是矿石燃料的10多万倍。核能应用作为缓解世界能源危机的一种经济有效的措施，它有许多优点：其一，核燃料体积小而能量大。核能比化学能大几百万倍——1000克铀释放的能量相当于2400吨标准煤释放的能量。一座100万千瓦的大型烧煤电站每年需原煤300万～400万吨，运这些煤需要2760列火车（相当于每天8列火车），还要运走4000万吨灰渣；同功率的压水堆核电站，一年仅耗3%的低浓缩铀燃料28吨。其二，成本较低。1千瓦发电成本约为0.001美元左右，比目前的传统发电成本便宜许多。而且，由于核燃料的运输量小，所以核电站可建在最需要的工业区附近。核电站的基本建设投资一般是同等火电站的1.5～2倍，不过它的核燃料费用却要比煤便宜得多，运行维修费用也比火电站少。如果掌握了核聚变反应技术，使用海水作燃料，则更是“取之不尽，用之不竭”的。其三，污染少。火电站不断地向大气中排放二氧化硫和氧化氮等有害物质，同时煤里的少量铀、钛和镭等放射性物质也会随着烟尘飘落到火电站的周围污染环境。核电站设置了层层屏障，基本上不排放污染环境的物质，即使是放射性污染，也比烧煤电站少得多。据统计，核电站正常运行的时候，一年给居民带来的放射性影响还不到一次X射线透视所受的剂量。其四，安全性强。从第一座核电站建成以来，全世界至今投入运行的核电站已达400多座，30多年来基本上是安全正常的。虽然有1979年美国三哩岛压水堆核电站事故和1986年苏联切尔诺贝利石墨沸水堆核电站事故，但这两次事故都是由于人为因素造成的。随着压水堆的进一步改进，核电站有可能会变得更加安全。

阅读材料

核能利用

核能是20世纪人类的一项伟大发现，并已取得十分重要的成果。1942年12月2日，著名科学家费米领导几十位科学家在美国芝加哥大学成功启动了世界上第一座核反应堆，标志着人类从此进入了核能时代。在这以前，人类利用的能源只涉及物理变化和化学变化。当核能进入人们的生产和生活后，一种通过原子核变而产生的新能源从此诞生。

第一座核反应堆首次启动时，功率仅为0.5瓦。60年后，核能已占全世界总能耗的6%。国际原子能机构公布,截至2002年底,全世界共有441台核电机组在运行,2002年共生产电力2.574万亿千瓦时,约占当年世界总发电量的17%。其中,核发电量占本国总发电量比例最高的国家是立陶宛,达到80%;其次是法国,达到79%。

核工业是20世纪产生和发展起来的新兴产业,是世界上最伟大的工程成就之一。中国是世界上少有的具有完整的核工业体系的国家之一。1958年,我国建成了第一座研究性重水反应堆和第一台回旋加速器,标志着我国进入了原子能时代。1964年10月,我国成功地爆炸了第一颗原子弹。1971年,我国第一艘核潜艇顺利建成下水。

现代电力工业的发展状况是一个国家是否发达的重要标志之一,而核电技术的发展程度则在一定意义上反映了该国高新技术水平的高低。核电站就是用反应堆将核燃料裂变产生的能量转变为电能的发电厂,具有安全、运行稳定、寿命长和对环境影响小等优点。大部分核电发达国家的核能发电比常规能源发电更为经济,核电在我国也具有较强的潜在经济竞争力。

秦山核电站是中国内地第一座核电站,它是我国自行设计建造的30万千瓦原型压水堆核电站,于1985年开工建设,1991年12月15日首次并网发电,1994年投入商业运行。秦山二期核电站装有两台60万千瓦压水堆核电机组,于1996年6月2日开工建设,1号机组于2002年2月6日实现首次并网,2002年4月15日投入商业运行,它的建成为我国核电自主化事业的进一步发展奠定了坚实的基础。秦山三期核电站是中国和加拿大合作建造的我国第一座重水堆核电站,装有两台72.8万千瓦核电机组,于1998年6月8日开工建设,1号机组于2002年11月19日实现首次并网,2002年12月31日投入商业运行;2号机组于2007年6月12日并网发电。

田湾核电站是从俄罗斯引进的2×100万千瓦压水堆核电站,位于江苏省连云港市,它采用了全数字化仪控系统和双层安全壳,进一步提高了安全性能。该核电站于1999年10月20日开工建设,两套机组分别在2004年和2005年投入商业运行。

位于我国广东省深圳的大亚湾核电站是我国引进国外资金、设备和技术的第一座大型商用核电站,装有两台单机容量为98.4万千瓦的压水堆核电机组。两套机组分别在1994年2月和5月投入商业运行,每年的发电量超过100亿千瓦时,20年合营期内上网电量的70%送往中国香港。

（二）海洋核资源

想一想

海洋核资源是怎么回事?

核能是人类最具希望的未来能源。目前，人们开发核能的途径有两条：一是重元素的裂变，如铀的裂变；二是轻元素的聚变，如氘、氚、锂等的聚变。重元素的裂变技术已得到实际性的应用，而轻元素聚变技术也正在积极研制之中。不论是重元素铀，还是轻元素氘、氚，在海洋中都有相当巨大的储藏量。

铀是高能量的核燃料，1 千克铀可供利用的能量相当于燃烧 2250 吨优质煤。然而，陆地上铀的储藏量并不丰富，且分布极不均匀，只有少数国家拥有有限的铀矿，全世界较适于开采的只有 100 万吨，加上低品位铀矿及其副产铀化物，总量也不超过 500 万吨，按目前的消耗量只够开采几十年。而在巨大的海水水体中却含有丰富的铀矿资源，据估计，海水中溶解的铀可达45 亿吨，相当于陆地总储量的几千倍。如果能将海水中的铀全部提取出来，所含的裂变能可保证人类几万年的能源需要。不过，海水中铀的浓度很低，1000 吨海水中只含有 3 克铀，只有先把铀从海水中提取出来才能应用。要从海水中提取铀，从技术上讲是件十分困难的事情，需要处理大量的海水，技术工艺十分复杂。目前，人们已经试验了很多种海水提铀的办法，如吸附法、共沉法、气泡分离法以及藻类生物浓缩法等。

氘和氚都是氢的同位素，它们的原子核可以在一定的条件下互相碰撞聚合成较重的原子核——氦核，同时释放巨大的核能。一个碳原子完全燃烧生成二氧化碳时只放出 4 电子伏的能量，而氘—氚聚变反应时能放出 1780 万电子伏的能量。据计算，1 千克氢燃料至少可以抵得上 4 千克铀燃料或 1 万吨优质煤燃料。

每升海水中含有 0.03 克氘，这 0.03 克氘聚变时释放出的能量相当于 300 升汽油燃烧的能量。海水的总体积为 13.7 亿立方千米，共含有几亿亿千克氘，这些氘聚变所释放出的能量足以保证人类上百亿年的能源消耗。而且氘的提取方法简便，成本较低，核聚变堆的运行也是十分安全的。因此，提取海水中的氘、氚进行核聚变反应能解决人类未来的能源需要，展示出美好的前景。

氘—氚的核聚变反应需要在上千万度乃至上亿度的高温条件下进行，这样的反应已经在氢弹上得以实现。虽然用于生产目的的受控热核聚变在技术上还有许多难题，但是随着科学技术的进步，这些难题正在被逐步解决。

1991 年 11 月 9 日，由 14 个欧洲国家合资，在欧洲联合环形核裂变装置上成功地进行了首次氘－氚受控核聚变试验，发出了1.8兆瓦电力的聚变能量，持续时间为2秒，温度高达3亿摄氏度，比太阳内部的温度还高20倍。核聚变比核裂变产生的能量效应要高600倍，比煤高1000万倍。因此，科学家们认为，氘－氚受控核聚变的试验成功是人类开发新能源的一个里程碑。在21世纪，核聚变技术和海洋氘、氚提取技术将会有重大突破。这两项技术的发展和不断成熟，将对人类社会的进步产生重大影响。

另外，能源金属——锂是制造氢弹的重要原料。每升海水中的锂含量为15～20毫克，海水中锂的总储量约为2.5×10^{11}吨。随着受控核聚变技术的发展，同位素锂6聚变释放的巨大能量最终将和平服务于人类。锂还是理想的电池原料，含锂的铝镍合金在航天工业中占有重要位置。此外，锂在化工、玻璃、电子、陶瓷等领域的应用也有较大发展。因此，全世界对锂的需求量正以每年7%～11%的速度增加。目前，主要是采用蒸发结晶法、沉淀法、溶剂萃取法及离子交换法从卤水中提取锂。

重水是原子能反应堆的减速剂和传热介质，也是制造氢弹的原料。海水中含有2×10^{14}吨重水，如果人类一直致力的受控热核聚变研究得以深入，从海水中大规模提取重水一旦实现，海洋就能为人类提供取之不尽、用之不竭的能源。

（三）安全核能

当今，全世界16%的电能是由400多座核反应堆生产的，而其中有9个国家40%以上的能源生产来自核能。在这一领域，国际原子能机构作为隶属联合国大家庭的一个国际机构，对和平利用、开发原子能的活动积极加以扶持，并且为核安全和环保确立了相应的国际标准。

国际原子能机构的作用相当于一个在核领域进行科技合作的政府间中心论坛。作为一个协调中心，该机构的设立便于在核安全领域交换信息、制定方针和规范，同时应有关政府的要求提供如何加强核反应堆安全和避免核事故风险的方法。国际原子能机构还在旨在确保核技术的运用，以求可持续发展的国际环境中努力扮演重要角色。

随着各国核能计划的增多，公众日益关注核安全问题，国际原子能机构在核安全领域的职责也扩大了。为此，国际原子能机构制定了辐射防护基准标准，并就特定的业务类型颁布了有关条例和业务守则，其中包括安全运送放射性材料方面的条例和业务守则。依据《核事故或辐射紧急援助公约》和《及早通报核事故公约》，一旦发生放射性事故，国际原子能机构会立即采取行动，确保向成员国提供紧急援助。

国际原子能机构还对其他几个核安全方面的国际条约担负着监督任务，这些国际条约包括《核材料实物保护公约》、《维也纳核损害民事责任公约》、《核安全公约》以及《废燃料管理安全和放射性废物管理安全联合公约》。《废燃料管理安全和放射性废物管理安全联合公约》是针对核安全问题的第一个国际性的法律文书。

国际原子能机构为各成员国实施原子能计划提供援助和咨询意见，并且积极推动各国就科技信息进行交流。该机构还帮助各国政府在水、卫生、营养、药物和食品生产等领域和平利用原子能，这方面一个突出的例子是利用核辐射技术开展突变育种工作。通过这一工作，将近2000个新的优良作物品种业已开发成功。

当前，国际上围绕能源选择的问题争论不休，这场争论的起因是国际社会试图控制二氧化碳向大气层的排放，因为二氧化碳进入大气层导致了全球升温。国际原子能机构强调核能的种种好处，认为它作为一种重要的能源，不存在温室效应和其他有毒气体排放的问题。

通过其设在维也纳的国际核信息系统，国际原子能机构对几乎所有核科学和技术方面的信息进行收集和传播。国际原子能机构还与联合国教育、科学及文化组织合作，在意大利东北部城市里雅斯特设立了国际理论物理中心，该中心拥有三个实验室，开展原子能基础应用方面的研究。国际原子能机构还与联合国粮农组织合作，开展原子能应用于粮食和其他农业生产领域的研究。该机构还与世界卫生组织合作，开展核辐射应用于医药和生物学领域的研究。此外，国际原子能机构在摩纳哥还设有海洋环境实验室，该实验室得到了联合国环境规划署和教育、科学及文化组织的协助，共同对全球海洋环境污染的情况进行研究。

阅读材料

一、核能知识

1. 原子及原子核

世界上的一切物质都是由带正电的原子核和绕原子核旋转的带负电的电子构成的。原子核包括质子和中子，质子数决定了该原子属于何种元素。原子的质量数等于质子数和中子数之和。如一个铀235原子是由原子核（由92个质子和143个中子组成）和92个电子构成的。如果把原子看作是我们生活的地球，那么原子核就相当于一个乒乓球大小。虽然原子核的体积很小，但在一定条件下它却能释放出惊人的能量。

2. 同位素

质子数相同而中子数不同或者说原子序数相同而原子质量数不同的一些原子被称为“同位素”，它们在化学元素周期表上占据同一个位置。简单地说，同位素就是指某个元素的各种原子，它们具有相同的化学性质。按质量不同，同位素通常可以分为重同位素和轻同位素。

3. 铀的同位素

铀是自然界中原子序数最大的元素。天然铀的同位素主要是铀 238 和铀 235，它们所占的比例分别为 99.3%和 0.7%。除此之外，自然界中还有微量的铀 234。铀 235 原子核完全裂变放出的能量是同量煤完全燃烧所放出能量的 270 万倍。

4. 核能及其获取途径

核能是核裂变能的简称。几十年以前，科学家在一次试验中发现铀 235 原子核在吸收一个中子以后能分裂，在放出 2～3 个中子的同时伴随着一种巨大的能量，这种能量比化学反应所释放的能量大得多，这就是我们今天所说的核能。核能的获得途径主要有两种，即重核裂变与轻核聚变。轻核聚变要比重核裂变释放出更多的能量，例如，相同数量的氘和铀 235 分别进行聚变和裂变，前者所释放的能量约为后者的 3 倍多。人们所熟悉的原子弹、核电站、核反应堆等等，都利用了核裂变的原理。实现核聚变的条件要求较高，即需要使轻核处于几千万摄氏度以上的超高温中，才能使相当的核具有动能，从而实现聚变反应。

5. 重核裂变

重核裂变是指一个重原子核分裂成两个或多个中等原子量的原子核，引起裂变链式反应，从而释放出巨大的能量的过程。例如，当用一个中子轰击铀 235 的原子核时，它就会分裂成两个质量较小的原子核，同时产生 2～3 个中子和 β、γ 等射线，并释放出约 200 兆电子伏的能量。如果再用一个新产生的中子去轰击另一个铀 235 原子核，便会引起新的裂变。以此类推，裂变反应不断地持续下去，从而形成了裂变链式反应，与此同时，核能也连续不断地释放出来。

6. 轻核聚变

轻核聚变是指在超高温下（几千万摄氏度以上）重氢核（氘核）与超重氢核（氚核）结合成氦放出大量能量的过程，也称“热核反应”，它是取得核能的重要途径之一。由于原子核间有很强的静电排斥力，因此在一般的温度和压力下很难发生聚变反应。在太阳等恒星内部，压力和温度都极高，所以就使得轻核有了足够的动能克服静电排斥力而发生持续的聚变。持续的核聚变反应必须在极高的压力和温度下进行，故称为“热核聚变反应”。

氢弹是利用氘、氚原子核的聚变反应瞬间释放巨大能量这一原理制成的，但它释放能量有着不可控性，所以有时会造成极大的杀伤破坏作用。目前正在研制的受控热核聚变反应装置也是应用了轻核聚变的原理，由于这种热核反应是人工控制的，因此可用作能源。

7. 一种新能源——核电站

目前化石燃料在能源消耗中所占的比重仍处于绝对优势，但此种能源不仅燃烧利用率低，而且污染环境，它燃烧所释放出来的二氧化碳等有害气体容易造成温室效应，使地球气温逐年升高，造成气候异常，加速土地沙漠化进程，给社会经济的可持续发展带来严重影响。与火电厂相比，核电站是非常清洁的能源，不排放这些有害物质，也不会造成温室效应，因此能大大改善环境质量，保护人类赖以生存的生态环境。

世界上核电国家的多年统计资料表明，虽然核电站的投资高于燃煤电厂，但是由于核燃料成本远远低于燃煤成本，相反核燃料反应所释放的能量却远远高于化石燃料燃烧所释放出来的能量，而且核燃料取之不尽，这就使得目前核电站的总发电成本低于燃煤电厂。

8. 核能是可持续发展的能源

据估计，地球上核裂变的主要燃料铀和钍的储量分别约为 490 万吨和 275 万吨。轻核聚变的燃料是氘和锂，1 升海水能提取 30 毫克氘，在聚变反应中能产生约等于 300 升汽油的能量，即 1 升海水约等于 300 升汽油。地球上海水中有 40 多万亿吨氘，足够人类使用百亿年。地球上的锂储量有 2000 多亿吨，锂可用来制造氚，足够人类在聚变能时代使用。况且以目前世界能源消费的水平来计算，地球上能够用于核聚变的氘和氚的数量，可供人类使用上千亿年。因此，有关能源专家认为，如果解决了核聚变技术，那么人类将能从根本上解决能源问题。

二、我国目前新开工和已核准的核电规模已逾 2200 万千瓦

截至 2008 年底，我国已建成核电装机容量 900 万千瓦，新开工和已核准的核电规模达 2290 万千瓦。党中央、国务院高度重视核电工作，2009 年以来已先后核准并开工建设了福建宁德、福建福清、广东阳江和浙江海盐方家山 4 个核电站，新开工和已经核准的核电规模是已建成核电规模的 2.5 倍。

目前我国已有秦山一期、二期和三期核电站的5台机组，江苏田湾核电站的2台机组，广东大亚湾核电站的2台机组和岭澳核电站的2台机组共11台机组投入运行，总装机容量为900万千瓦。

查一查

我国秦山核电站的有关资料。

核电以其清洁、安全和高效的特点日益受到社会各界的重视。在2008年年初的雨雪冰冻天气中，核电明显显现出其在燃料运输、电力稳定性等方面的突出优势。2008年底，为了抵御国际金融危机的冲击、解决当前我国经济运行中的突出问题，一批国家级重点工程启动和加快了建设，其中包括多个核电项目。

根据“十一五”规划，到2020年我国核电装机容量将达4000万千瓦，占中国全部电力装机容量的4%，这一比例到2030年将达到16%，达到世界平均水平。

三、世界核能发电的现状与展望

国际原子能局(IAEA)2007年10月中旬发布的《至2030年的能源、电力和核能发电报告》最新预测指出，在今后几十年内，核能发电作为一种主要的能源将会继续存在。IAEA对核能发电的增长前景作出了高与低两种预测。低限预测假定现在建设中或开发中的项目完成后将并入电网，但无其他能力增加。在该低限预测中，认为核能发电能力将从2006年底的37万兆瓦增长到2030年的44.7万兆瓦。在IAEA高限预测中增加了一些有前景的项目，估计全球核能发电能力将增加到2030年的67.9万兆瓦，则平均年增长率约为2.5%。

核能发电占世界电力生产的份额已从1960年的小于1%增加到1986年的16%，自1986年起的21年内，这一比例基本保持不变。核能发电量随着全球电力生产的发展而稳步增长，截至2006年，核能发电量占世界总电力的15%左右。全世界运转中的核反应堆有435座，其中29座以上在建设中。美国运转最多，为103座；法国次之，为59座；日本为55座(1座以上在建设中)；俄罗斯为31座(7座以上在建设中)。拥有核能发电的30个国家中，由核能供电的份额变化较大：法国高达78%，比利时占54%，韩国占39%，瑞士占37%，日本占30%，美国占19%，南非占4%，中国占2%。

现在核能发电站的扩建集中在亚洲，至2006年底，建设中的29座核能发电站中有15座在亚洲，最近建设的36座核反应堆已与电网联网的有26座在亚洲。印度的计划更令人印象深刻：到2022年，其核能发电量将增长8

倍,达到电力供应的10%;到2052年,核能发电量将增长75倍,达到电力供应的26%。75倍的增长,意味着年均增长9.4%,与全球1970～2004年的平均增长率相同。

课题四

其他新能源

知识要点

1. 生物能
2. 地热能
3. 海洋能
4. 氢能

一、生物能

生物是指由光合作用而产生的各种有机体。生物能是一种以生物为载体的能量，是太阳能以化学能形式储存在生物中的一种能量形式，它直接或间接地来源于植物的光合作用。

生物能利用是以农作物秸秆、畜禽粪便、林产废弃物、有机垃圾等农林废弃物和环境污染物为原料，通过生物转化技术进行无害化和资源化处理加以利用。

在各种可再生能源中，生物能是独特的，它是储存的太阳能，更是唯一可再生的碳源，可转化成常规的固态、液态和气态燃料。据估计，地球上每年植物光合作用固定的碳达 2×10^{11} 吨，含能量达 3×10^{21} 焦耳，因此每年通过光合作用储存在植物的枝、茎、叶中的太阳能相当于全世界每年耗能量的 10 倍。

生物能是人类的第四大能源。生物遍布世界各地，其蕴藏量极大。世界上的生物资源数量庞大，形式繁多，其中包括薪柴、农林作物，还有为了生产能源而种植的能源作物、农业和林业残剩物、食品加工和林产品加工的下脚料、城市固体废弃物、生活污水和水生植物等。生物能可以转化为多种形式的二次能源，如转化为气体、液体燃料，也可以用于发电。

沼气是由厌氧微生物分解、转化为有机物而生成的一种可燃性气体。沼气的主要成分是甲烷和二氧化碳，此外还有少量的氢气、一氧化碳及硫化氢等，总的可燃成分含量一般为 60%～70%。沼气是人们用某种装置进行厌氧发酵，并加以收集与利用的可燃性气体，它可用于燃烧、照明、发电和制取一氯甲烷、二氯甲烷、三氯甲烷及四氯化碳等化工原料。

我国的农业废弃物主要有：①农作物秸秆，每年产量约7亿吨，可作为能源用途的约3亿吨，约折合1.5亿吨标准煤；②工业有机废水和畜禽养殖场废水资源，理论上可以生产沼气800亿立方米，相当于5700万吨标准煤；③薪炭林和林业及木材加工废物资源，相当于3亿吨标准煤；④城市垃圾，用于发电，每年可替代1300万吨标准煤；⑤一些油料、含糖或淀粉类的作物，也可用于制取液体燃料。初步估算，近期每年可以利用的生物能源总量约为5亿吨标准煤。

生物转化为电能的技术包括直接燃烧（包括与煤及其他燃料共燃）、汽化和热解。汽化和直接燃烧是利用生物原料发电的主要方法。直接燃烧发电的过程是：生物与过量空气在锅炉中燃烧，产生的热烟气和锅炉的热交换部件换热，产生的高温高压蒸汽在蒸汽轮机中膨胀做功发出电能。

至2006年底，全国生物能发电累计装机容量为220万千瓦，其中蔗渣热电联产170万千瓦，农林废弃物、农业沼气、垃圾直燃和填埋气发电50万千瓦。2006年，国家和地方发改委共核准39个生物能直燃发电项目，合计装机容量为128.4万千瓦，当年完成5.4万千瓦。此外，2006年完成生物汽化及垃圾填埋气发电3万千瓦。目前，国家已确定未来我国生物发电的目标，到2020年，装机容量要达到3000万千瓦。

至2006年底，全国已经建设农村户用沼气池1870万口，生活污水净化沼气池14万口，畜禽养殖场和工业废水沼气工程2000多个，年产沼气约90亿立方米，为近8000万农村人口提供了优质生活燃料。

说一说

本地区生物质能的利用状况。

我国已经开发出多种固定床和流化床汽化炉，以秸秆、木屑、稻壳、树枝为原料生产燃气。目前用于木材和农副产品烘干的有800多台，村镇级秸秆汽化集中供气系统近600个，年生产生物燃气2000万立方米。兆瓦级生物汽化发电系统已经推广应用20多套，“十一五”期间，国家“863”计划支持建设了6兆瓦规模的生物汽化发电示范工程。

我国生产燃料乙醇的原料丰富多样，如甘蔗、木薯、玉米等。近年来，在全国各地试种杂交甜高粱，获得了高糖高产品种，其每亩茎秆产量4吨以上。甜高粱茎秆汁液是生产乙醇的优质原料，“十一五”期间，通过国家“863”计划的支持，已开发出利用甜高粱茎秆汁液、玉米秸秆类纤维素废弃物等制取乙醇的技术，并完成了中试装置的建设和研究试验，建成年产5000吨规模的甜高梁秸秆制取乙醇燃料工业示范工程及年产600吨规模的纤维素废弃物制取乙醇燃料技术设施。

生物柴油作为一种优质的生物液体燃料，是我国生物能产业的一个发展方向，目前尚处于试验研究及小规模生产与应用阶段，存在的主要问题是成本过高。利用廉价原料和提高转化率是生物柴油市场化的关键，我国应重点研究以可再生含油植物为原料制备生物柴油。科技部已将生物柴油技术列入"十一五"国家"863"计划和国际科技合作计划。此外，生物致密成形、生物裂解与干馏技术也取得了进展。

二、地热能

地热能是从地壳抽取的天然热能，这种能量来自地球内部的熔岩，并以热力形式存在，是引致火山爆发及地震的能量。地球内部的温度高达7000℃，而在80～100千米的深处，温度会降至650～1200℃。通过地下水的流动和熔岩涌至离地面1～5千米的地壳，热力得以被转送至较接近地面的地方。高温的熔岩将附近的地下水加热，这些加热了的水最终会渗出地面。运用地热能最简单和最合乎成本效益的方法就是直接取用这些热源，并抽取其能量。地热能是可再生资源。

我国地热资源丰富，据国土资源部的资料显示，全国可开发利用的地下热水资源量每年约67亿立方米，折合约3283万吨标准煤。目前，年利用地热能约为4.45亿立方米，居世界第一，而且每年以近10%的速度增长。

（一）地热能的分类

据推算，离地球表面5000米深，15℃以上的岩石和液体的总含热量约为14.5×10^{25}焦耳，约相当于4948万亿吨标准煤的热量。地热来源主要是地球内部长寿命的放射性同位素热核反应产生的热能，按照其储存形式，地热资源可分为蒸汽型、热水型、地压型、干热岩型和熔岩型五大类。

根据地热资源的温度可将其分为两类：高于150℃的为高温地热，主要用于发电；低于此温度的为中低温地热，通常直接用于采暖、工农业加温、水产养殖及医疗和洗浴等。截至2005年底，世界地热资源开发利用于发电的总装机容量约为9000兆瓦，中低温地热水直接利用相当于15133兆瓦。

（二）地热能的分布

地热能集中分布在构造板块边缘一带，该区域也是火山和地震多发区。如果热量提取的速度不超过补充的速度，那么地热能便是可再生的。地热能在世界很多地区应用相当广泛。不过，地热能的分布相对来说比较分散，开发难度大。

我国地热资源丰富，分布范围广，主要分布在云南、西藏、河北等省区。在可供开采利用的深度范围内，既有广泛分布的中低温地热，又有能够直接发电的高温地热，但开发利用程度很低。据国土资源部初步估算，全国主要沉积盆地距地表2000米以内储藏的地热能，相当于2500亿吨标准煤的热量。

2007年，全国经正式勘察并经国土资源储量行政主管部门审批的地热田为103处，经初步评价的地热田为214处。据国土资源部估算，全国每年可开发利用的地热水总量约为68.45亿立方米，居世界第一位，相当于每年3284.8万吨标准煤的发热量，这其中还未包括深埋于2000米以下处的地热资源、地温梯度非异常区的地热资源和浅层地热能资源。我国地热开发利用仍处于初级阶段，地热在能源结构中占的比例还不足0.5%。

世界地热资源主要分布于以下地热带：

> **想一想**
>
> 世界地热资源主要分布在哪些地区？

1. 环太平洋地热带。即世界最大的太平洋板块与美洲、欧亚、印度板块的碰撞边界，从美国的阿拉斯加、加利福尼亚到墨西哥、智利，从新西兰、印度尼西亚、菲律宾到中国沿海和日本。世界许多地热田都位于这个地热带，如美国的盖瑟斯地热田，墨西哥的普列托地热田，新西兰的怀腊开地热田，中国台湾的马槽地热田，日本的松川地热田、大岳地热田等。

2. 地中海、喜马拉雅地热带。即欧亚板块与非洲、印度板块的碰撞边界，从意大利直至中国的滇藏。如意大利的拉德瑞罗地热田，中国西藏的羊八井地热田（图3-4）、云南的腾冲地热田均属这个地热带。

图3-4 我国最大地热电厂——海拔4300米的西藏自治区羊八井地热电厂正在发电

3. 大西洋中脊地热带。即大西洋板块的开裂部位，包括冰岛和亚速尔群岛的一些地热田。

4. 红海、亚丁湾、东非大裂谷地热带。包括肯尼亚、乌干达、扎伊尔、埃塞俄比亚、吉布提等国的地热田。

5. 其他地热区。除板块边界形成的地热带外，在板块内部靠近边界的部位，在一定的地质条件下也有高热流区，可以蕴藏一些中低温地热，如中亚、东欧地区的一些地热田和中国的胶东、辽东半岛及华北平原的地热田。

（三）地热能的利用

地热能的利用可分为地热发电和直接利用两大类。对于不同温度的地热流体，可能利用的范围有：①200～400℃，直接发电及综合利用；②150～200℃，双循环发电、制冷、工业干燥、工业热加工；③100～150℃，双循环发电、供暖、制冷、工业干燥、脱水加工、回收盐类、罐头食品；④50～100℃，供暖、温室、家庭用热水、工业干燥；⑤20～50℃，沐浴、水产养殖、饲养牲畜、土壤加温、脱水加工。

现在许多国家为了提高地热利用率而采用梯级开发和综合利用的办法，如热电联产联供、热电冷三联产、先供暖后养殖等。

人类很早以前就开始利用地热能，例如利用温泉沐浴、医疗，利用地下热水取暖、建造农作物温室、水产养殖及烘干谷物等，但真正认识地热资源并进行较大规模的开发利用却是始于 20 世纪中叶。

1. 地热发电。地热发电是地热利用的最重要方式。高温地热流体应首先应用于发电。

地热发电和火力发电的原理是一样的，都是利用蒸汽的热能在汽轮机中转变为机械能，然后带动发电机发电。所不同的是，地热发电不像火力发电那样需要装备庞大的锅炉，也不需要消耗燃料，它所用的能源就是地热能。要利用地下热能，首先需要有载热体把地下的热能带到地面上来，目前能够被地热电站利用的载热体主要是地下的天然蒸汽和热水。按照载热体的类型、温度、压力和其他特性的不同，可把地热发电的方式分为蒸汽型地热发电和热水型地热发电两大类。

（1）蒸汽型地热发电。蒸汽型地热发电是把蒸汽田中的干蒸汽直接引入汽轮发电机组发电，但在引入发电机组前应把蒸汽中所含的岩屑和水滴分离出去。这种发电方式最为简单，但干蒸汽地热资源十分有限，且多存于较深的地层，开采技术难度大，故发展受到限制。

（2）热水型地热发电。热水型地热发电是地热发电的主要方式。当高压热水从热水井中抽至地面时，压力降低部分的热水会沸腾并闪蒸成蒸汽，将蒸汽送至汽轮机做功；分离后的热水可继续利用后排出，当然最好是再回注入地层。

2. 地热供暖。将地热能直接用于采暖、供热和供热水是仅次于地热发电的地热利用方式。因为这种利用方式简单、经济性好，故备受各国重视，特别是位于高寒地区的西方国家，其中冰岛开发利用得最好。该国早在 1928 年就在首都雷克雅未克建成了世界上第一个地热供热系统，现今这一供热系统已发展得非常完善，每小时可从地下抽取 7740 吨 80℃的热水，供全市 11 万居民使用。由于没有高耸的烟囱，冰岛首都已被誉为“世界上最清洁无烟的城市”。此外，利用地热给工厂供热，如用作干燥谷物和食品的热源，用作硅藻土、木材、造纸、制革、纺织、酿酒、制糖等生产过程的热源也是大有前途的。目前世界上最大的两家地热应用工厂就是冰岛的硅藻土厂和新西兰的纸浆加工厂。我国利用地热供暖和供热水发展也非常迅速，在京津地区已成为地热利用中最普遍的方式。

3. 地热务农。地热在农业中的应用范围十分广阔，如利用温度适宜的地热水灌溉农田，可使农作物早熟增产；利用地热水养鱼，在 28℃水温下可加速鱼的育肥，提高鱼的出产率；利用地热建造温室，用于育秧、种菜和养花；利用地热给沼气池加温，提高沼气的产量等。将地热能直接用于农业在我国日益广泛，北京、天津、西藏和云南等地都建有面积大小不等的地热温室。各地还利用地热大力发展养殖业，如培养菌种，养殖非洲鲫鱼、鳗鱼、罗非鱼、罗氏沼虾等。

4. 地热行医。地热在医疗领域的应用有诱人的前景，目前热矿水就被视为一种宝贵的资源，世界各国都很珍惜。由于地热水是从很深的地下提取到地面的，故除温度较高外，常含有一些特殊的化学元素，从而使它具有一定的医疗效果。如饮用含碳酸的矿泉水，可调节胃酸，平衡人体酸碱度；饮用含铁的矿泉水，可治疗缺铁性贫血；用氢泉、硫水氢泉洗浴，可治疗神经衰弱和关节炎、皮肤病等。由于温泉的医疗作用及伴随温泉出现的特殊的地质、地貌条件，使温泉所在地常常成为旅游胜地，吸引大批疗养者和旅游者。在日本，就有 1500 多个温泉疗养院，每年可吸引 1 亿人次到这些疗养院休养。我国利用地热治疗疾病的历史悠久，含有各种矿物元素的温泉众多，因此充分发挥地热的医疗作用，发展温泉疗养行业是大有可为的。

未来随着与地热利用相关的高新技术的发展，将使人们能更精确地查明更多的地热资源，钻更深的井，将地热从地层深处取出，因此地热利用也必将进入一个飞速发展的阶段。

近几年来，地源热泵技术作为一种高效节能的可再生能源技术引起了社会的重视。截至 2006 年底，我国除青海、云南、贵州等少数省区外，其他省区都在不同程度地推广地源热泵技术。全国已经安装地源热泵系统的建筑面积超过了 3000 万平方米，北京已经超过了 800 万平方米，计划到 2010 年将超过 3500 万平方米；沈阳计划到 2010 年安装地源热泵 6500 万平方米，占全市供暖面积的 32.5%。据不完全统计，我国地源热泵市场的年销售额已经超过亿元，并以每年 20%的速度增长。

三、海洋能

（一）海洋能概述

海洋能指依附在海水中的可再生能源。海洋通过各种物理过程接收、储存和散发能量，这些能量以潮汐、波浪、温度差、盐度梯度、海流等形式存在于海洋之中。

地球表面积约为 5.1 亿平方千米，其中海洋面积达 3.6 亿平方千米，占地球表面积的 71%。一望无际的大海，不仅为人类提供航运、水源和丰富的矿藏，而且还蕴藏着巨大的能量，它将太阳能以及派生的风能等以热能、机械能等形式蓄在海水里，不像在陆地和空中那样容易散失。

（二）海洋能的特点

海洋能有哪些特点?

1. 海洋能在海洋总水体中的蕴藏量巨大，但单位体积、单位面积、单位长度所拥有的能量较小。这就是说，要想得到大能量，就得从大量的海水中获得。

2. 海洋能具有可再生性。海洋能来源于太阳辐射能与天体间的万有引力，只要太阳、月球等天体与地球共存，这种能源就会再生，就会取之不尽、用之不竭。

3. 海洋能有较稳定能源与不稳定能源之分。较稳定能源为温度差能、盐度差能和海流能。不稳定能源分为变化有规律与变化无规律两种。属于不稳定但变化有规律的能源有潮汐能与潮流能。人们根据潮汐、潮流变化规律编制出各地逐日、逐时的潮汐与潮流预报，预测未来各个时间的潮汐大小与潮流强弱，潮汐电站与潮流电站可根据预报表安排发电运行。既不稳定又无规律的能源是波浪能。

4. 海洋能属于清洁能源，也就是海洋能一旦被开发，其本身对环境污染的影响很小。

（三）海洋能的主要能量形式

1. 潮汐能。因月球引力的变化引起潮汐现象，潮汐导致海水平面周期性地升降，因海水涨落及潮水流动所产生的能量即为潮汐能。

潮汐能与潮流能来源于月球、太阳引力，其他海洋能均来源于太阳辐射。太阳到达地球的能量大部分落在海洋上空和海水中，部分转化成各种形式的海洋能。

潮汐能的主要利用方式为发电，目前世界上最大的潮汐电站是法国的朗斯潮汐电站，我国的江夏潮汐实验电站为国内最大。

2. 波浪能。波浪能是指海洋表面波浪所具有的动能和势能，它是一种在风的作用下产生的，并以位能和动能的形式由短周期波储存的机械能。波浪的能量与波高的平方、波浪的运动周期以及迎波面的宽度成正比。波浪能是海洋能源中能量最不稳定的一种能源。波浪发电是波浪能利用的主要方式。此外，波浪能还可以用于抽水、供热、海水淡化以及制氢等。

3. 海水温差能。海水温差能是指涵养表层海水和深层海水之间水温差的热能，是海洋能的一种重要形式。低纬度的海面水温较高，因与深层冷水存在温度差而储存着温差热能，其能量与温差的大小和水量成正比。

温差能的主要利用方式为发电。首次提出利用海水温差发电设想的是法国物理学家阿松瓦尔。1926 年，阿松瓦尔的学生克劳德试验成功海水温差发电。1930 年，克劳德在古巴海滨建造了世界上第一座海水温差发电站，获得了 10 千瓦的功率。

温差能利用的最大困难是能量密度低，其效率仅为 3%左右，而且换热面积大，建设费用高，目前各国仍在积极探索中。

4. 盐差能。盐差能是指海水和淡水之间或两种含盐浓度不同的海水之间的化学电位差能，它是以化学能形态出现的海洋能，主要存在于河海交接处。同时，淡水丰富地区的盐湖和地下盐矿也可以利用盐差能。盐差能是海洋能中能量密度最大的一种可再生能源。

据估计，世界各河口区的盐差能达 30×10^{12} 瓦，可能利用的有 2.6×10^{12} 瓦。我国的盐差能估计为 1.1×10^{11} 瓦，主要集中在各大江河的出海处，同时青海省等地还有不少内陆盐湖可以利用。盐差能的研究以美国、以色列的研究为先，中国、瑞典和日本等国也开展了一些研究，但总体上对盐差能的研究还处于实验室实验水平，离示范应用还有较长的距离。

5. 海流能。海流能是指海水流动的动能，主要是指海底水道和海峡中较为稳定的流动以及由于潮汐导致的有规律的海水流动所产生的能量,它是另一种以动能形态出现的海洋能。

海流能的利用方式主要是发电,其原理和风力发电相似。全世界海流能的理论估算值约为 10^8 千瓦量级。利用中国沿海 130 个水道、航门的各种观测及分析资料计算统计,获得中国沿海海流能的年平均功率理论值约为 1.4×10^7 千瓦,属于世界上功率密度最大的地区之一,其中辽宁、山东、浙江、福建和台湾沿海的海流能较为丰富,不少水道的能量密度为 15～30 千瓦/平方米,具有良好的开发值。特别是浙江舟山群岛的金塘、龟山和西候门水道,平均功率密度在20 千瓦/平方米以上,开发环境和条件很好。

(四)海洋能的利用现状与前景展望

上述不同形式的能量有的已被人类利用,有的已列入开发利用计划,但人们对海洋能的开发利用程度至今仍十分低。尽管这些海洋能资源之间存在着各种差异,但是也有着一些相同的特征,即每种海洋能资源都具有相当大的能量通量:潮汐能和盐度梯度能大约为 2×10^{12} 瓦,波浪能也在此量级上,海洋热能至少要比此大两个数量级。由于这些能量分散在广阔的地理区域,因此实际上它们的能流密度相当低,而且这些资源中的大部分均蕴藏在远离用电中心区的海域,因此只能有一小部分海洋能资源能够得以开发和利用。

全球海洋能的可再生量很大,5 种海洋能理论上可再生的总量为 766 亿千瓦,其中温差能为 400 亿千瓦,盐差能为 300 亿千瓦,潮汐能和波浪能各为 30 亿千瓦,海流能为 6 亿千瓦。但上述能量是难以全部取出的,设想只能利用较强的海流、潮汐和波浪,利用大降雨量地域的盐度差,而温差利用则受热机卡诺效率的限制。因此,估计技术上允许利用功率为 64 亿千瓦,其中盐差能 30 亿千瓦,温差能 20 亿千瓦,波浪能 10 亿千瓦,海流能 3 亿千瓦,潮汐能 1 亿千瓦。

海洋能的强度较常规能源低。海水温差小,海面与 500～1000 米深层水之间的较大温差仅为 20℃左右;潮汐、波浪水位差小,较大潮差仅 7～10 米,较大波高仅 3 米;潮流、海流速度小,较大流速仅 4～7 节。即使这样,在可再生能源中,海洋能仍具有可观的能流密度。以波浪能为例,每米海岸线平均波功率在最丰富的海域是 50 千瓦,一般的有 5～6 千瓦,后者相当于太阳能流密度 1 千瓦/平方米。又如潮流能,最高流速为 3 米/秒的舟山群岛潮流,在一个潮流周期的平均潮流功率达 4.5 千瓦/平方米。

海洋能作为自然能源是随时变化着的。但海洋是个庞大的蓄能库,将太阳能以及派生的风能等以热能、机械能等形式蓄在海水里,不像在陆地和空中那样容易散失。海水温差、盐度差和海流都是较稳定的，24 小时不间断，昼夜波动小，只是稍有季节性的变化。潮汐、潮流则作恒定的周期性变化，大潮、小潮、涨潮、落潮、潮位、潮速、方向都可以被准确预测。海浪是海洋中最不稳定的，有季节性、周期性，而且相邻周期也是变化的，但海浪是风浪和涌浪的总和，而涌浪源自辽阔海域持续时日的风能，不像当地太阳和风那样容易骤起骤止且受局部气象的影响。

（五）我国的海洋能

我国海洋能开发已有近 40 年的历史，迄今已建成潮汐电站 8 座。自 20 世纪80 年代以来，浙江、福建等地对若干个大中型潮汐电站进行了考察、勘测、规划设计、可行性研究等大量的前期准备工作。总之，我国的海洋发电技术已有较好的基础和丰富的经验，小型潮汐发电技术基本成熟，已具备开发中型潮汐电站的技术条件。但是我国现有潮汐电站整体规模和单位容量还很小，单位千瓦造价高于常规水电站，水工建筑物的施工还比较落后，水轮发电机组尚未定型标准化，这些均是我国潮汐能开发存在的问题。其中，关键问题是中型潮汐电站水轮发电机组技术问题没有完全解决，电站造价亟待降低。

> **议一议**
>
> 我国的海洋能资源与开发利用。

我国波力发电技术研究始于 20 世纪 70 年代，80 年代以来获得较快发展，航标灯浮用微型潮汐发电装置已趋商品化，现已生产数百台，在沿海海域航标和大型灯船上推广应用。与日本合作研制的后弯管型浮标发电装置已向国外出口，该技术属国际领先水平。在珠江口大万山岛上研建的岸边固定式波力电站，第一台装机容量 3 千瓦的装置已于 1990 年试发电成功。装机容量 20 千瓦的岸式波力试验电站和装机容量 8 千瓦的摆式波力试验电站均已试建成功。总之，我国波力发电虽起步较晚，但发展很快。微型波力发电技术已经成熟，小型岸式波力发电技术已进入世界先进行列。但我国波浪能开发的规模远小于挪威和英国，小型波浪发电距实用化尚有一定的距离。

国际上潮流发电研究开始于 20 世纪 70 年代中期，主要有美国、日本和英国等进行潮流发电试验研究，但至今尚未见有关发电实体装置的报道。我国潮流发电研究始于 20 世纪 70 年代末，首先在舟山海域进行了 8 千瓦潮流发电机组原理性试验；80 年代一直进行立轴自调直叶水轮机潮流发电装置试验研究，目前正在采用此原理进行 70 千瓦潮流试验电站的研究工作。在舟山海域的站址已经选定。我国已经开始研建实体电站，在国际上居领先地位，但尚有一系列的技术问题有待解决。

近 20 多年来,受化石燃料能源危机和环境变化压力的驱动,作为主要可再生能源之一的海洋能事业取得了很大发展。在相关高技术后援的支持下,海洋能应用技术日趋成熟,为人类在 21 世纪充分利用海洋能展示了美好的前景。我国的大陆海岸线长达 18000 多千米,有大小岛屿 6960 多个,海岛总面积 6700 平方千米,有人居住的岛屿有 430 多个。沿海和海岛既是外向型经济的基地,又是海洋运输和开发海洋的前哨,并且在巩固国防、维护祖国权益方面占有重要地位。改革开放以来,随着沿海经济的发展,海岛开发迫在眉睫。能源短缺严重地制约着经济的发展和人民生活水平的提高,外商和华侨因海岛能源缺乏,不愿投资;驻岛部队用电困难,不利于国防建设;特别是西沙、南沙等远离大陆的岛屿,依靠大陆供应能源,因供应线过长,存在诸多不便,生活非常艰苦。为了保证沿海与海岛经济持久快速地发展及人民生活水平的不断提高,寻求解决能源供应紧张的途径已刻不容缓。

四、氢能

化学元素氢在元素周期表中位于第一位,它是所有原子中最小的。众所周知,氢原子与氧原子化合成水,但氢通常的单质形态是氢气。氢气是无色无味、极易燃烧的双原子气体,也是最轻的气体。

氢在常温常压下为气态,在超低温高压下又可成为液态。作为能源,氢有以下特点:

说一说

氢有哪些性能特点?

1. 所有元素中,氢重量最轻。在标准状态下,它的密度为 0.0899 克 / 升,仅相当于同体积空气重量的 1/15。在-252.7℃时,它可成为液体;若将压力增大到数百个大气压,液氢就可变为金属氢。

2. 所有气体中,氢气的导热性最好。它比大多数气体的导热系数高出 10 倍,因此在能源工业中是极好的传热载体。

3. 氢是自然界中存在最普遍的元素,除空气中含有氢气外,它主要以化合物的形态贮存于水中,而水是地球上最广泛的物质。据推算,如把海水中的氢全部提取出来,它所产生的总热量比地球上所有化石燃料放出的热量还大 9000 倍。氢是宇宙中最常见的元素,宇宙质量的 75%都是氢,氢及其同位素占到了太阳总质量的84%。

4. 除核燃料外,氢的发热值是所有化石燃料、化工燃料和生物燃料中最高的,为每立方米 140 兆焦,是汽油发热值的 3 倍。

5. 氢燃烧性能好，点燃快，与空气混合时有广泛的可燃范围，且燃点高，燃烧速度快。

6. 氢本身无毒，与其他燃料相比氢燃烧时最清洁，除生成水和少量氮化氢外，不会产生诸如一氧化碳、二氧化碳、碳氢化合物、铅化物和粉尘颗粒等对环境有害的污染物质。少量的氮化氢经过适当处理也不会污染环境，而且燃烧生成的水还可继续制氢，反复循环使用。

7. 氢能利用形式较多，既可以通过燃烧产生热能，在热力发动机中产生机械功；又可以作为能源材料用于燃料电池，或转换成固态氢用作结构材料。用氢代替煤和石油，不需对现有的技术装备作重大的改造，将现在的内燃机稍加改装即可使用。

8. 氢可以以气态、液态或固态的金属氢化物出现，能适应贮运及各种应用环境的不同要求。

氢具有高挥发性、高能量，是能源载体和燃料。同时，氢在工业生产中也有广泛应用，现在工业每年用氢量为5500亿立方米。氢气与其他物质一起被用来制造氨水和化肥，同时也应用到汽油精炼工艺、玻璃磨光、黄金焊接、气象气球探测及食品工业中。液态氢可以作为火箭燃料。

氢能在21世纪有可能在世界能源舞台上成为一种举足轻重的二次能源。

阅读材料

合能体能源

1. 氢能简介

二次能源是联系一次能源和能源用户的中间纽带。二次能源又可分为过程性能源和合能体能源。当今电能就是应用最广的过程性能源，柴油、汽油则是应用最广的合能体能源。由于目前过程性能源尚不能大量地直接贮存，因此汽车、轮船、飞机等机动性强的现代交通运输工具就无法直接使用从发电厂输出来的电能，只能采用柴油、汽油这一类合能体能源。可见，过程性能源和合能体能源是不能互相替代的，各有自己的应用范围，人们的目光也因此投向寻求新的合能体能源。

作为二次能源的电能，可从各种一次能源中生产出来，例如煤炭、石油、天然气、太阳能、风能、水力、潮汐能、地热能、核燃料等均可直接生产电能；而作为二次能源的汽油和柴油等则不然，生产它们几乎完全依靠化石燃料。随着化石燃料耗量的日益增加，其储量日益减少，终有一天这些资源将要枯竭，这就迫切需要寻找一种不依赖化石燃料的、储量丰富的新的合能体能源。氢能正是一种在常规能源出现危机时人们所期待的新的二次能源。

氢是一种理想的新的合能体能源，目前液氢已广泛用作航天动力的燃料，但氢能的大规模商业应用还有待解决以下关键问题：

（1）廉价的制氢技术。因为氢是一种二次能源，它的制取不但需要消耗大量的能量，而且目前制氢效率很低，因此寻求大规模的廉价的制氢技术是各国科学家共同关心的问题。

（2）安全可靠的贮氢和输氢方法。由于氢易汽化、着火、爆炸，因此如何妥善解决氢能的贮存和运输问题也就成为开发氢能的关键。

氢能在21世纪有可能在世界能源舞台上成为一种举足轻重的二次能源，因为它是通过一定的方法利用其他能源制取的，而不像煤、石油和天然气等可以直接从地下开采。在自然界中，氢已和氧结合成水，必须用热分解或电分解的方法把氢从水中分离出来。如果用煤、石油和天然气等燃烧所产生的热或所转换成的电去分解水制氢，那显然是划不来的。现在看来，高效率制氢的基本途径是利用太阳能。如果能用太阳能来制氢，那就等于把无穷无尽的、分散的太阳能转变成了高度集中的干净能源了，其意义十分重大。目前利用太阳能分解水制氢的方法有太阳能热分解水制氢、太阳能发电电解水制氢、阳光催化光解水制氢、太阳能生物制氢等等。利用太阳能制氢有重大的现实意义，但这却是一个十分困难的研究课题，有大量的理论问题和工程技术问题要解决，世界各国对此都十分重视，投入了不少的人力、财力、物力，并且业已取得多方面的进展。以太阳能制得的氢能，可能将成为人类普遍使用的一种优质、干净的燃料。

2. 氢能行业发展概况

氢能作为一种清洁、高效、安全、可持续的新能源，被视为21世纪最具发展潜力的清洁能源，是人类的战略能源的发展方向。人类对氢能应用自200年前就产生了兴趣，20世纪70年代以来，世界上许多国家和地区广泛开展了氢能研究。

早在1970年，美国通用汽车公司的技术研究中心就提出了“氢经济”的概念。1976年，美国斯坦福研究院也开展了氢经济的可行性研究。20世纪90年代中期以来，多种因素的汇合增加了氢经济的吸引力，这些因素包括：持久的城市空气污染、对较低或零废气排放的交通工具的需求、减少对外国石油进口的需要、二氧化碳排放和全球气候变化、储存可再生电能供应的需求等。

世界各国如冰岛、中国、德国、日本和美国等国家之间在氢能交通工具的商业化方面已经出现了激烈的竞争。虽然氢能的其他利用形式是可能的(例如取暖、烹饪、发电、航行器、机车),但其在小汽车、卡车、公共汽车、出租车、摩托车和商业船上的应用已经成为焦点。

中国对氢能的研究可以追溯到20世纪60年代初,中国科学家为发展本国的航天事业,对作为火箭燃料的液氢的生产、H_2/O_2燃料电池的研制与开发做了大量而有效的工作;将氢作为能源载体和新的能源系统进行开发,则是从20世纪70年代开始的。现在,为进一步开发氢能,推动氢能利用的发展,氢能技术已被列入《科技发展"十五"计划和2015年远景规划(能源领域)》。

氢燃料电池技术一直被认为是利用氢能解决未来人类能源危机的终极方案。上海一直是中国氢燃料电池研发和应用的重要基地,包括上汽、上海神力、同济大学等企业和高校,也一直在从事氢燃料电池和氢能车辆的研发工作。随着中国经济的快速发展,汽车工业已经成为中国的支柱产业之一。2007年中国已成为世界第三大汽车生产国和第二大汽车市场,与此同时,汽车燃油消耗也达到8000万吨,约占中国石油总需求量的1/4。在能源供应日益紧张的今天,发展新能源汽车已迫在眉睫,用氢能作为汽车的燃料无疑是最佳选择。

虽然燃料电池发动机的关键技术基本已经被突破,但是还需要更进一步对燃料电池产业化技术进行改进、提升,使产业化技术成熟,这个阶段需要政府加大对研发力度的投入,以保证在燃料电池发动机关键技术方面的水平和领先优势。这包括对掌握燃料电池关键技术的企业在资金、融资能力等方面予以支持。除此之外,国家还应加快对燃料电池关键原材料,零部件国产化、批量化生产的支持,不断整合燃料电池各方面的优势,带动燃料电池产业链的延伸。同时政府还应给予相关的示范应用配套设施,并且对燃料电池相关产业链予以支持培育等,以加快与燃料电池汽车示范运营相关的法规、标准的制定和加氢站等配套设施的建设, 推动燃料电池汽车的载客示范运营。有政府的大力支持,氢能汽车一定能成为朝阳产业。

3. 氢能的开发与利用

氢能可利用的方面很多,有的已经实现,有的人们正在努力追求。为了实现利用清洁新能源的目标,氢的利用将渗透到人类生活的方方面面,我们不妨从古到今,把氢能的主要用途简要叙述一下。

(1) 依靠氢能可上天

秦始皇统一中国时,他想长生不老,曾积极支持炼丹术。其实炼丹术士所接触的就是氢的金属化合物。无奈多少帝王梦想长生不老,或幻想遨游太空,但都受当时的科学技术水平所限,真是登天无梯。1869 年,俄国著名学者门捷列夫整理出化学元素周期表,他把氢元素放在周期表的首位,此后从氢出发,根据各元素与氢元素之间的关系,为寻找众多的元素打下了基础,人们对氢的研究和利用也更科学化了。至 1928 年,德国齐柏林公司利用氢的巨大浮力制造了世界上第一艘"LZ-127 齐柏林"号飞艇,首次把人们从德国运送到南美洲,实现了空中飞渡大西洋的航程。大约经过了 10 年的运行,飞艇的航程达 16 万多千米,使 1.3 万人领受了"上天"的滋味,这是氢气的奇迹。

然而,更先进的是 20 世纪 50 年代,美国利用液氢作为超音速和亚音速飞机的燃料,使 B57 双引擎轰炸机改装了氢发动机,实现了氢能飞机上天。1957 年,苏联宇航员加加林乘坐人造地球卫星遨游太空;1963 年,美国的宇宙飞船上天;紧接着,1969 年"阿波罗"号飞船实现了人类首次登上月球的创举,这一切都是氢燃料的功劳。面向科学的 21 世纪,先进的高速远程氢能飞机和宇航飞船实现商业运营的日子已为时不远,过去帝王的梦想将被现代的人们实现。

(2) 利用氢能可开车

以氢气代替汽油作汽车发动机的燃料,已经过日本、美国、德国等许多汽车公司的试验证明,技术是可行的,目前主要问题是廉价氢的来源问题。氢是一种高效燃料,每千克氢燃烧所产生的能量为 33.6 千瓦时,几乎等于汽油燃烧的 2.8 倍。氢气燃烧不仅热值高,而且火焰传播速度快,点火能量低(容易点着),所以氢能汽车比汽油汽车总的燃料利用效率可高 20%。另外,氢燃烧的主要生成物是水,只有极少的氮氧化物,绝对没有汽油燃烧时产生的一氧化碳、二氧化碳、二氧化硫等污染环境的有害成分。因此,氢能汽车是最清洁的理想交通工具。

氢能汽车目前以金属氢化物为贮氢材料,释放氢气所需的热可由发动机冷却水和尾气余热提供。现在有两种氢能汽车,一种是全燃氢汽车,另一种为氢气与汽油混燃的掺氢汽车。掺氢汽车的发动机只要稍加改变或不改变,即可提高燃料利用率和减轻尾气污染。使用掺氢 5%左右的汽车,平均热效率可提高 15%,节约汽油 30%左右。因此,近期多使用掺氢汽车。待氢气可以大量供应后,再推广全燃氢汽车。德国奔驰汽车公司已陆续推出各种燃氢汽车,其中有公共汽车、邮政车和家用小轿车。以燃氢面包车为例,使用 200 千克钛铁合金氢化物为燃料箱,代替 65 升汽油箱,可连续行车 130 多千米。德国奔驰公司制造的掺氢汽车可在高速公路上行驶,车上使用的储氢箱也是钛铁合金氢化物。

掺氢汽车的特点是使用汽油和氢气的混合燃料，可以在稀薄的贫油区工作，能改善整个发动机的燃烧状况。在我国许多城市，交通拥挤，汽车发动机多处于部分负荷下运行，采用掺氢汽车尤为有利。特别是有些工业余氢（如合成氨生产）未能回收利用，若作为掺氢燃料，其经济效益和环境效益都是可取的。

（3）燃烧氢气能发电

大型电站，无论是水电、火电还是核电，都是把发出的电送往电网，再由电网输送给用户。但是各种用电户的负荷不同，电网有时是高峰，有时是低谷。为了调节峰荷，电网中常需要启动快和比较灵活的发电站，氢能发电就最适合扮演这个角色。利用氢气和氧气燃烧，组成氢氧发电机组，这种机组是火箭型内燃发动机配以发电机，它不需要复杂的蒸汽锅炉系统，因此结构简单，维修方便，启动迅速，要开即开，欲停即停。在电网低负荷时，还可吸收多余的电来进行电解水，生产氢和氧，以备高峰时发电用。这种调节作用，对于电网运行是有利的。另外，氢和氧还可直接改变常规火力发电机组的运行状况，提高电站的发电能力，例如氢氧燃烧组成磁流体发电，利用液氢冷却发电装置，进而提高机组功率等。

更新的氢能发电方式是氢燃料电池，这是利用氢和氧（或空气）直接经过电化学反应而产生电能的装置。换言之，也是水电解槽产生氢和氧的逆反应。20 世纪 70 年代以来，日、美等国加紧研究各种燃料电池，现已进入商业性开发阶段，日本已建立万千瓦级燃料电池发电站，美国有 30 多家厂商在开发燃料电池，德国、英国、法国、荷兰、丹麦、意大利和奥地利等国也有 20 多家公司投入了燃料电池的研究。这种新型的发电方式，已引起世界的关注。

燃料电池的简单原理是将燃料的化学能直接转换为电能，不需要进行燃烧，能源转换效率可达 60%～80%，而且污染少，噪声小，装置可大可小，非常灵活。最早，这种发电装置很小，造价很高，主要用于宇航中作电源；现在，已大幅度降价，逐步转向地面应用。

（4）家庭用氢方便

随着制氢技术的发展和化石能源的缺少，氢能利用迟早将进入家庭。首先是发达的大城市，它可以像输送城市煤气一样，将氢气通过管道送往千家万户。每个用户则采用金属氢化物贮罐将氢气贮存，然后分别接通厨房灶具、浴室、氢气冰箱、空调机等等，并且在车库内与汽车充氢设备连接。一条氢能管道可以代替煤气、暖气甚至电力管线，连汽车的加油站也省掉了。清洁方便的氢能系统将给人们创造舒适的生活环境，减轻许多繁杂事务。

作为新能源，氢的安全性受到人们的普遍关注。从技术方面讲，氢的使用是绝对安全的。氢在空气中的扩散性很强，氢泄漏或燃烧时，可以很快地垂直升到空气中并消失得无影无踪。氢本身没有毒性及放射性，不会对人体产生伤害，也不会产生温室效应。科学家已经做过大量的氢能安全试验，证明氢是安全的燃料。如在汽车着火试验中，分别将装有氢气和天然汽油的燃料罐点燃，结果以氢气作为燃料的汽车着火后，氢气剧烈燃烧，但火焰总是向上冲，对汽车的损坏比较缓慢，车内人员有较长的时间逃生；以天然汽油为燃料的汽车着火后，由于天然气比空气重，火焰向汽车四周蔓延，很快就包围了汽车，伤及车内人员。

练习与提高

1. 什么是太阳能？
2. 说一说太阳能资源的优点。
3. 太阳能资源及其开发利用有哪些不足之处？
4. 简述我国太阳能资源情况。
5. 什么是风能？
6. 简述我国风电利用状况。
7. 影响我国风电商业化的主要因素是什么？
8. 简述核能发电过程。
9. 什么是生物能？
10. 生物能是怎样转化为电能的？
11. 什么是地热能？
12. 地热能资源主要分布在哪些地区？
13. 什么是海洋能？
14. 海洋能有哪些特点？
15. 作为氢能，氢有什么特点？

第四单元
太阳能利用

教学目标

1. 了解太阳能利用与科技发展历史。
2. 掌握太阳能产品的主要类型，了解各种太阳能产品的组成、原理和特点。
3. 了解太阳能开发利用技术和太阳能热利用产业与光伏产业概况。

随着人类社会的不断发展，人与自然的矛盾也愈来愈突出。目前，全世界范围面临的最为突出的问题是环境与能源，即环境恶化和能源短缺。这个问题当然要通过各国政府采取正确的对策来处理，而发展新能源技术，将是解决这一问题最为有效的方法。事实上，近年来人们对太阳能技术的研制和利用已显示了积极有效的作用。这一新型能源的发展，既可解决人类面临的能源短缺问题，又不会造成环境污染。尽管太阳能技术的成本还较高，其性能还有待进一步提高，但随着太阳能科学的不断进步，太阳能技术的应用愈来愈显示出诱人的发展前景。

太阳能利用概况

知识要点

1. 太阳能家谱
2. 太阳能科技发展历史

太阳能利用是一门古老而又年轻的学科，在3000年太阳能利用发展的历史长河中虽几经起伏，但仍出现了许许多多发明创造和技术改进，其中也有我国古代科学家的杰出贡献。太阳能利用在世界科学史上占有重要的一页。

一、太阳能家谱

神奇的太阳能世界已经给我们带来了许多实惠和憧憬，为人类的文明与进步做出了巨大贡献。太阳能的发展和应用源远流长，从古代到近代，虽然一波三折，像蜗牛似的前行，但到了现代，特别是最近几十年，太阳能的应用急剧火了起来：太阳能电池、太阳灶、太阳能汽车、太阳能热水器……太阳能家族“人丁兴旺”，热闹非凡。

1. 古代太阳能。

（1）阳燧取火。西周（公元前11世纪）时，我们的祖先就用金属凹面镜会聚阳光点燃艾绒取得火种，即阳燧取火技术。这是人类应用太阳能的最早记载。

（2）太阳能盾牌。公元前3世纪，希腊科学家阿基米得利用许多磨亮的金属盾牌会聚阳光，烧毁了攻击西西里岛东部西拉修斯港的一支罗马舰队，为保卫自己的家园立下了赫赫战功。

（3）削冰成圆聚阳光。1000多年前，我国晋代张华著的《博物志》一书中，就有“削冰成圆，举以向日，以艾承其影，则得火”的记载。

（4）太阳能抽水机。1615年，利用太阳能加热空气使其膨胀做功的抽水机问世，首次实现了把太阳能转换为机械能。

（5）太阳能透镜。1774年，在法国巴黎进行了用两块透镜聚焦阳光使金属熔化的表演。

2. 近代太阳能。

（1）太阳能蒸汽发动机。1854~1874 年，世界上第一台太阳能蒸汽发动机问世。

（2）太阳能蒸馏器。1872 年，智利建成面积约 4682 平方米的太阳能蒸馏装置。

（3）太阳能印刷机。1878 年，在巴黎世界博览会上展出了轰动世界的太阳能印刷机。

（4）太阳能发动机。1883 年，建成了一台几乎用手动跟踪采用太阳能的太阳能发动机。

（5）太阳能抽水机。1911 年，在美国宾夕法尼亚州建造了一套规模巨大的动力装置，抽水能力达每分钟 114000 升，提水高度 10 米。1913 年，在埃及开罗以南建造了一个太阳能动力灌溉系统。

3. 现代太阳能。

（1）太阳能电站。1950 年，苏联设计完成一个塔式太阳能发电站。

（2）太阳炉。1952 年，法国国家科学研究中心在比利牛斯山东部建造了一座 50 千瓦的太阳炉。

（3）硅太阳能电池。1954 年，美国贝尔实验室研制成实用硅太阳能电池，极大地促进了太阳能光伏的利用。

（4）选择性涂层。第二次世界大战后，1955 年，以色列的泰博教授研制了选择性涂层，为高效利用平板集热器奠定了基础。

（5）斯特林发动机。1961 年，一台带有石英窗的斯特林发动机问世。

（6）太阳能试验装置。1965～1968 年，意大利先后建成三套塔式太阳能试验装置。

（7）太阳能卫星。20 世纪 60 年代末，由美国科学家格拉塞首先提出的太阳能卫星，引起广泛的关注和争议。该方案是在地球同步轨道上，以桁架结构建造面积达几十平方千米的平台，在上面铺满太阳能电池板，利用微波向地面输送电力。

（8）太阳能热利用技术。20 世纪 70 年代末，太阳能热利用技术的研究开发引起了一些国家的重视，其重点是简单、价廉的低温热利用适用技术，如太阳能温室、太阳灶、被动太阳房、太阳能热水器和太阳能干燥器。这类技术在农村得到推广应用，为缓解农村能源短缺、改善农村生态环境和农民生活起了积极的作用。

(9) 真空管式太阳能热水器。到了 20 世纪 90 年代,中国太阳能行业风起云涌,真空管式太阳能热水器已和燃气、电热水器形成了三足鼎立的局面。到 2000 年,我国已有 500 个具有一定规模生产能力的太阳能生产企业。太阳能市场正在以年均 30%的速度递增。

二、太阳能科技发展历史

将太阳能作为一种能源和动力加以利用只有 300 多年的历史,真正将太阳能作为近期急需的补充能源和未来能源结构的基础则是近来的事。20 世纪 70 年代以来,太阳能科技突飞猛进,太阳能利用日新月异。太阳能的利用历史可以从 1615 年法国工程师所罗门·德·考克斯在世界上发明第一台太阳能驱动的发动机算起,该发明是一台利用太阳能加热空气使其膨胀做功而抽水的机器。在 1615～1900 年之间,世界上又研制成多台太阳能动力装置和一些其他太阳能装置,这些动力装置几乎全部采用聚光方式采集阳光,发动机功率不大,原料主要是水蒸气,价格昂贵,实用价值不大,大部分为太阳能爱好者个人研究制造。20 世纪的 100 年间,太阳能科技发展历史大体可分为以下七个阶段:

想一想

20 世纪以来，太阳能科技发展历史经历了哪几个阶段?

第一阶段(1900～1920 年)。在这一阶段,世界上太阳能研究的重点仍是太阳能动力装置,但采用的聚光方式多样化，且开始采用平板集热器和低沸点工质，装置逐渐扩大，最大输出功率达 73.64 千瓦,实用目的比较明确,造价仍然很高。建造的典型装置有:1901 年,在美国加州建成一台太阳能抽水装置,采用截头圆锥聚光器,功率 7.36 千瓦;1902～1908 年,在美国建造了五套双循环太阳能发动机,采用平板集热器和低沸点工质;1913 年，在埃及开罗以南建成一台由 5 个抛物槽镜组成的太阳能水泵,每个长 62.5 米、宽 4 米,总采光面积达 1250 平方米。

第二阶段(1920～1945 年)。在这 20 多年中,太阳能研究工作处于低潮,参加研究工作的人数和研究项目大为减少,其原因与矿物燃料的大量开发利用和发生第二次世界大战有关。因为太阳能不能解决当时对能源的急需,因此使太阳能研究工作逐渐受到冷落。

第三阶段(1945～1965 年)。在第二次世界大战结束后的 20 年中,一些有远见的人士已经注意到石油和天然气资源正在迅速减少,呼吁人们重视这一问题,从而逐渐推动了太阳能研究工作的恢复和开展。他们成立太阳能学术组织,举办学术交流和展览会,太阳能研究热潮再次兴起。在这一阶段,太阳能研究工作取得一些重大进展，比较突出的有：1954 年，美国贝尔实验室研制成实用型硅太阳能电池，为光伏发电的大规模应用奠定了基础；1955 年，以色列的泰博等在第一次国际太阳热科学会议上提出选择性涂层的基础理论，并研制成实用的黑镍等选择性涂层，为高效集热器的发展创造了条件。此外，在这一阶段里还有其他一些重要成果，比较突出的有：1952 年，法国国家研究中心在比利牛斯山东部建成一座功率为 50 千瓦的太阳炉；1960 年，在美国佛罗里达州建成世界上第一套用平板集热器供热的氨—水吸收式空调系统，制冷能力为 5 冷吨；1961 年，一台带有石英窗的斯特林发动机问世。在这一阶段，加强了太阳能基础理论和基础材料的研究，取得了如太阳选择性涂层和硅太阳能电池等技术上的重大突破；平板集热器有了很大的发展，技术上逐渐成熟；太阳能吸收式空调的研究取得进展，建成一批实验性太阳房；对难度较大的斯特林发动机和塔式太阳能热发电技术进行了初步研究。

第四阶段（1965～1973 年）。在这一阶段，太阳能的研究工作停滞不前，主要原因是太阳能利用技术处于成长阶段，尚不成熟，并且投资大，效果不理想，难以与常规能源竞争，因而得不到公众、企业和政府的重视与支持。

第五阶段（1973～1980 年）。自从石油在世界能源结构中担当主角之后，石油就成了左右经济和决定一个国家生死存亡、发展和衰退的关键因素。1973 年 10 月爆发中东战争，石油输出国组织采取石油减产、提价等办法支持中东人民的斗争，维护本国的利益，其结果是使那些依靠从中东地区大量进口廉价石油的国家在经济上遭到沉重打击，于是西方一些人惊呼世界发生了能源危机（又称“石油危机”）。这次危机在客观上使人们认识到现有的能源结构必须彻底改变，应加速向未来能源结构过渡。许多国家，尤其是工业发达国家重新加强了对太阳能及其他可再生能源技术发展的支持，在世界上再次兴起了开发利用太阳能的热潮。1973 年，美国制定了政府级阳光发电计划，太阳能研究经费大幅增长，并且成立了太阳能开发银行，促进太阳能产品的商业化。日本在 1974 年公布了政府制定的阳光计划，其中太阳能的研究开发项目有太阳房、工业太阳能系统、太阳热发电、太阳电池生产系统、分散型和大型光伏发电系统等。为实施这一计划，日本政府投入了大量人力、物力和财力。20 世纪 70 年代初世界上出现的开发利用太阳能热潮对我国也产生了巨大影响，一些有远见的科技人员纷纷投身太阳能事业，积极向政府有关部门提建议，出书办刊，介绍国际上太阳能利用动态，并在农村推广应用太阳灶，在城市研制开发太阳能热水器，空间用的太阳能电池开始在地面应用。1975 年，在河南安阳召开了全国第一次太阳能利用工作经验交流大会，进一步推动了我国太阳能事业的发展。这次会议之后,太阳能研究和推广工作纳入了我国政府计划,获得了专项经费和物质支持,一些大学和科研院所纷纷设立太阳能课题组和研究室,有的地方开始筹建太阳能研究所,兴起了开发利用太阳能的热潮。这一时期,太阳能开发利用工作处于前所未有的大发展时期:一是各国加强了太阳能研究工作的计划性,不少国家制定了近期和远期阳光计划,开发利用太阳能成为政府行为,支持力度大大加强。同时,国际合作十分活跃,一些第三世界国家开始积极参与太阳能开发利用工作。二是研究领域不断扩大,研究工作日益深入,取得了一批较大成果,如CPC、真空集热管、非晶硅太阳能电池、光解水制氢、太阳能热发电等。三是各国制定的太阳能发展计划普遍存在要求过高、过急问题,对实施过程中的困难估计不足,都希望在较短的时间内取代矿物能源,实现大规模利用太阳能。例如,美国曾计划在1985年建造一座小型太阳能示范卫星电站,1995年建成一座500万千瓦空间太阳能电站。事实上,这一计划后来进行了调整,至今空间太阳能电站还未升空。四是太阳能热水器行业开始实现商业化,太阳能产业初步建立,但规模较小,经济效益尚不理想。

第六阶段(1980~1992年)。20世纪70年代兴起的开发利用太阳能热潮进入80年代后不久开始落潮,逐渐进入低谷,世界上许多国家相继大幅度削减太阳能研究经费,其中美国最为突出。导致这种现象的主要原因是:世界石油价格大幅度回落,而太阳能产品价格居高不下,缺乏竞争力;太阳能技术没有重大突破,提高效率和降低成本的目标没有实现,以致动摇了一些人开发利用太阳能的信心;核电发展较快,对太阳能的发展起到了一定的抑制作用。受20世纪80年代国际上太阳能热潮低落的影响,我国太阳能研究工作也受到一定程度的削弱,有人甚至提出太阳能利用投资大、效果差、贮能难、占地广,认为太阳能是未来能源,主张等外国研究成功后我国再引进技术。虽然持这种观点的人是少数,但十分有害,对我国太阳能事业的发展造成了不良影响。这一阶段,虽然太阳能开发研究经费大幅度削减,但研究工作并未中断,有的项目还进展较大,促使人们认真地去审视以往的计划和制定的目标,调整研究工作的重点,争取以较少的投入取得较大的成果。

第七阶段(1992年至今)。由于大量燃烧矿物能源,造成了全球性的环境污染和生态破坏,对人类的生存和发展构成威胁。在这样的背景下,1992年联合国在巴西召开世界环境与发展大会,会议通过了《里约热内卢环境与发展宣言》、《21世纪议程》和《联合国气候变化框架公约》等一系列重要文件,把环境与发展纳入统一的框架,确立了可持续发展的模式。这次会议之后,世界各国加强了清洁能源技术的开发,将利用太阳能与环境保护结合在一起,使太阳能利用工作走出低谷,逐渐得到加强。世界环境与发展大会之后,我国政府对环境与发展问题十分重视,提出10条对策和措施,明确要“因地制宜地开发和推广太阳能、风能、地热能、潮汐能、生物能等清洁能源”,制定了《中国21世纪议程》,进一步明确了太阳能重点发展项目。1995年,国家计委、国家科委和国家经贸委制定了《新能源和可再生能源发展纲要(1996~2010)》,明确提出了我国在1996~2010年新能源和可再生能源的发展目标、任务以及相应的对策和措施。这些文件的制定和实施,对进一步推动我国太阳能事业发挥了重要作用。1996年,联合国在津巴布韦召开世界太阳能高峰会议,会后发表了《哈拉雷太阳能与持续发展宣言》,会上讨论了《世界太阳能10年行动计划(1996~2005)》、《国际太阳能公约》、《世界太阳能战略规划》等重要文件。这次会议进一步表明了联合国和世界各国对开发太阳能的坚定决心,要求全球共同行动,广泛利用太阳能。1992年以后,世界太阳能利用又进入一个发展期,其特点是:太阳能利用与世界可持续发展和环境保护紧密结合,全球共同行动,为实现世界太阳能发展战略而努力;太阳能发展目标明确,重点突出,措施得力,有利于克服以往忽冷忽热、过热过急的弊端,保证太阳能事业的长期发展;在加大太阳能研究开发力度的同时,注意促进科技成果转化为生产力,发展太阳能产业,加速商业化进程,扩大太阳能利用的领域和规模,经济效益逐渐提高;国际太阳能领域的合作空前活跃,规模扩大,效果明显。

通过以上回顾可知,在20世纪的100年间,太阳能发展的道路并不平坦,一般每次高潮期后都会出现低潮期,其中处于低潮的时间大约有45年。太阳能利用的发展历程与煤、石油、核能完全不同,人们对其认识差别大,反复多,发展时间长,这一方面说明太阳能开发难度大,短时间内很难实现大规模利用,另一方面也说明太阳能利用还受矿物能源供应、政治和战争等因素的影响,发展道路比较曲折。尽管如此,从总体来看,20世纪取得的太阳能科技进步仍比以往任何一个世纪都大。

课题二

太阳能产品

知识要点

1. 太阳能热水器
2. 太阳能热泵
3. 太阳能电池
4. 太阳灶
5. 太阳房
6. 太阳能其他产品

太阳能是人类取之不尽、用之不竭的可再生能源，也是清洁能源，不会导致任何的环境污染。为了充分有效地利用太阳能，人们发展了多种太阳能材料，按性能和用途大体上可分为光热转换材料、光电转换材料、光化学能转换材料和光能调控变色材料等，由此形成了太阳能光热利用、光电利用、光化学能利用和太阳能光能调控等相应技术。

一、太阳能热水器

太阳能热水器是目前太阳热能应用发展中最具经济价值、技术最成熟且已

图 4-1 太阳能热水器

图 4-2 太阳能中央热水系统

商业化的一项应用产品。图 4-1、图 4-2、图 4-3 为几种常用的太阳能热水系统。

图 4-3　分离式太阳能热水系统

图 4-4　单机串并联太阳能热水系统

（一）太阳能热水器的工作原理及组成

> **说一说**
>
> 你家里现在有没有使用太阳能热水器？本地区最常用的是哪一种太阳能热水器？

1. 工作原理。太阳能热水器是利用太阳的能量将水从低温度加热到高温度的装置，是一种热能产品。太阳能热水器由全玻璃真空集热管、储水箱、支架及相关附件组成。把太阳能转换成热能，主要依靠全玻璃真空集热管。集热管受阳光照射面温度高，背阳面温度低，管内水由此产生温差反应，利用热水上浮冷水下沉的原理，使水产生微循环而获得所需热水。图 4-5 为太阳能热水系统示意图。

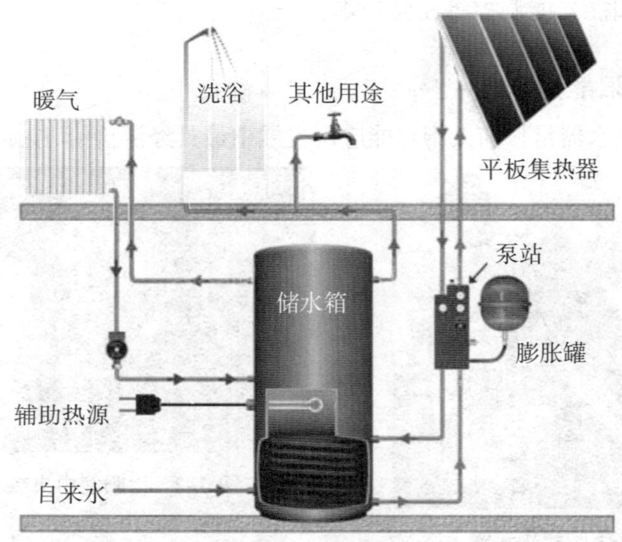

图 4-5　太阳能热水系统示意图

2. 制造材料。太阳能热水器是由真空管、不锈钢水箱、支架组成的。太阳能热水器是太阳能成果应用中的一大产业，它是为百姓提供环保、安全、节能、卫生的新型热水器产品，是吸收太阳的辐射热能加热冷水提供给人们在生活、生产中使用的节能设备。

3. 系统组成。

（1）集热器。是系统中的集热元件，其功能相当于电热水器中的电热管。和电热水器、燃气热水器不同的是，太阳能集热器利用的是太阳的辐射热量，故而加热时间只能在有太阳照射的白昼。

（2）保温水箱。和电热水器的保温水箱一样，是储存热水的容器。因为太阳能热水器只能白天工作，而人们一般在晚上才使用热水，所以必须通过保温水箱把集热器在白天产出的热水储存起来。其容积是每天晚上用热水量的总和。采用同乐搪瓷内胆承压保温水箱保温效果好，耐腐蚀，水质清洁，使用寿命可达 20 年以上。

（3）连接管道。是将热水从集热器输送到保温水箱、将冷水从保温水箱输送到集热器的通道，使整套系统形成一个闭合的环路。设计合理、连接正确的循环管道，对太阳能系统达到最佳工作状态至关重要。热水管道必须做保温处理。管道必须有很高的质量，保证有 20 年以上的使用寿命。

（二）太阳能热水器的环保作用

太阳能热水器的广泛运用，包括生活用热水、采暖、空调，在省钱的同时将极大地改善地球的污染状况。

1. 环保作用。相对于使用化石燃料制造热水，能减少对环境的污染及二氧化碳的产生。每平方米太阳能平板集热器每年可节约标准煤 250 千克左右，并可减少 700 多千克二氧化碳排放量。

2. 节能作用。太阳能是属于每个人的能源，只要有场地和设备，任何人都可免费使用它。每平方米太阳能平板集热器平均每个正常日照日可产生相当于 2.5 度电的热量。

3. 安全性。太阳能热水器不像使用瓦斯那样有爆炸或中毒的危险，也没有使用燃料油锅炉时有爆炸的顾虑，亦不存在使用电力会有漏电的可能。

4. 不占空间。太阳能热水器不需专人操作，能自动运转。另外，太阳能热水器装在屋顶上，不占用任何室内空间。

5. 经济效益。太阳能热水器不易损坏，寿命至少在 10 年以上，甚至可达 20 年以上。因为热源为免费的太阳能，所以它十分符合经济成本效益。

二、太阳能热泵

（一）热泵的工作原理

图 4-6　太阳能热泵

热泵热水器是继燃气热水器、电热水器和太阳能热水器后的新一代热水装置，是可替代锅炉的供热水设备（图 4-6）。热泵热水器能吸收空气中的热量和太阳能，是综合电热水器和太阳能热水器优点的安全节能环保型热水器。它可一年 365 天全天候运转，用电量仅为电热水器的 1/4 左右，是农业部的重点推广项目。

人们所熟悉的泵是一种能提高位能的机械设备，比如水泵能提高水位或增加水压。热泵是一种能从自然界的空气、水或土壤中获取低位热，经过电力做功，输出可被人们利用的高品位热的设备，是一种节能、环保、清洁的采暖和热水设备。热泵技术是近年来在全世界备受关注的新能源技术。

与常规太阳能产品相比，热泵并非依靠太阳光的直接照射或辐射来达到制热效果，而是靠吸收环境中的热能来达到制热效果。根据热源不同，热泵可分为空气源热泵、水源热泵和地源热泵。

热泵热水器设备内专置一种吸热介质——冷媒，它在液化的状态下温度低于 -20℃。由于与外界环境存在着温差，因此冷媒可吸收外界的热能，在蒸发器内部蒸发汽化，通过热泵机组中压缩机的工作提高冷媒的温度，再通过冷凝器使冷媒从汽化状态转化为液化状态，在转化过程中释放出大量的热量，传递给水箱中的储备水，使水温升高，达到制热水的目的。这便是该产品的独特之处，也是其市场潜力所在。

（二）热泵的优势

1. 环保方面。热泵供热的优势主要是高效、节能、环保、安全。它无可燃、可爆气体，无电器推动元件，绝对安全；无任何废气、废水、废渣排放，绝对环保。

想一想

太阳能热泵有什么优势?

2. 成本方面。首先，热泵全年平均运行成本只相当于电加热的 1/4，燃油、燃气加热的 1/3～1/2。热泵热水器中有热交换器，在运行时需要用电驱动热泵从外界环境中吸收热，并将热能释放出来将水加热，而不像常规电热水器那样用电直接加热水，故用电量很少。空气源热泵的热效率一般为330%～500%，以温升40℃计算，生产1吨热水约耗电9～13度，而普通电加热方式需要耗电52度。其次，热泵的首期投资比燃油、燃气锅炉略高，但由于它特殊的节能效果，一般会在一年半以内通过节能方式将成本收回。再次，锅炉等其他供热方式一般使用寿命只有5年，而热泵机组的使用寿命可长达15年。

3. 使用方面。热泵不管阴天、雨天还是下雪天，不管是夜晚还是白昼都能照常工作，全天候提供热水。整个机组采用自动化智能控制系统，用户只需在初次使用时开一下电源，以后即可完全实现自动化运行，即到达用户指定水温时自动停机、低于用户指定水温时自动开机运行，完全实现24小时随时有热水而不用等候。

4. 其他方面。热泵机组使用不受地点的限制，可以摆放在任何地方，不影响建筑物美观，且占地空间很小。热泵机组在制热水的同时可产生冷气，具有除湿、降温及空气滤清等辅助功能。

5. 适用范围。热泵热水器的适用范围非常广泛，因此有专为宾馆、酒店、学校、医院、桑拿浴室、美容院、游泳池、洗衣房、工矿企业等设计的各种型号的商用机，也有专为家庭设计的各种型号的家用机。

热泵热水器的使用取得了一定的经济效益和良好的社会效益。在能源和环境问题日益严峻的今天，太阳能热泵因其具有显著的节能性和环境友好性，得到了越来越广泛的关注。

三、太阳能电池

（一）太阳能电池的工作原理

太阳能电池是通过光电效应或者光化学效应直接把光能转化成电能的装置。图4-7为太阳能电池，图4-8为太阳能电板。

太阳能发电有两种方式，一种是光—热—电转换方式，另一种是光—电直接转换方式。光—电直接转换方式是利用光电效应将太阳辐射能直接转换成电能，其基本装置就是太阳能电池。太阳能电池是一种由于光生伏特效应而将太阳光能直接转化为电能的器件。当太阳光照到半导体光电二极管P-N结上时，形成新的空穴—电子对，在P-N结电场的作用下，空穴由N区流向P区，电子由P区流向N区，把太阳光能变成电能，接通电路后就形成电流。当许多个电池串联或并联起来，就可以成为有比较大的输出功率的太阳能电池方阵了。

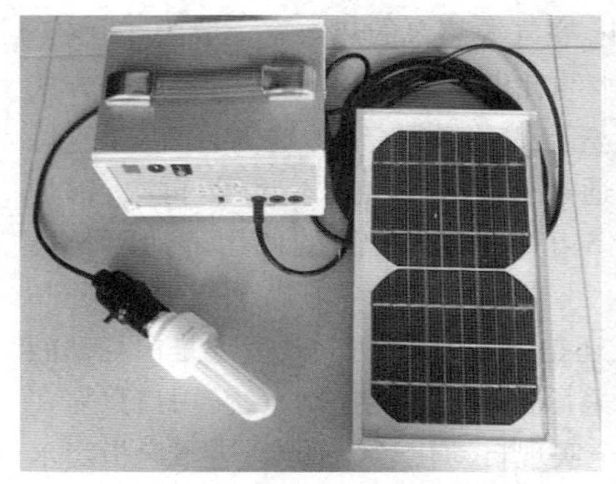
图 4-7 太阳能电池

图 4-8 太阳能电板

（二）太阳能电池的优点

太阳能电池是一种大有前途的新型电源，具有永久性、清洁性和灵活性三大优点。太阳能电池寿命长，只要太阳存在，它就可以一次投资、长期使用。与火力发电、核能发电相比，太阳能电池不会引起环境污染。太阳能电池可以大中小并举，大到百万千瓦的中型电站，小到只供一户用的太阳能电池组，这是其他电源无法比拟的。

四、太阳灶

（一）太阳灶的工作原理

太阳灶是利用太阳能辐射，通过聚光获取热量，用以烹饪食物的一种装置(图 4-9)。它不烧任何燃料，没有任何污染，正常使用时比蜂窝煤炉还要快，和煤气灶速度一致。

图 4-9 太阳灶

太阳灶已是较成熟的产品。人类利用太阳灶已有 200 多年的历史，特别是近二三十年来，世界各国都先后研制生产了各种不同类型的太阳灶。尤其是发展中国家，太阳灶更是受到广大用户的好评，并得到了较好的推广和应用。根据不同地区的自然条件和人们不同的生活习惯，太阳灶每年的实际使用时间大约在 400～600 小时，每台太阳灶每年可以节省秸秆 500～800 千克，经济效益和生态效益是十分显著的。

根据收集太阳辐射的方式,大阳灶可以分为聚光式太阳灶和热箱式太阳灶两种类型,它们汇聚太阳辐射能的原理是不一样的。这里只介绍在我国普遍推广的反射聚光式太阳灶。

(二)太阳灶的基本构造

反射聚光式太阳灶一般由灶体、支撑调节机构和锅架组成。

1. 灶体。太阳灶灶体的表面形状为旋转抛物面凹面,上面粘贴反光材料。当太阳灶的主光轴指向太阳的时候,平行的太阳光线入射到旋转抛物面表面,经过反光材料的反射,这些反射光线都从它的焦点处通过,形成太阳光线的高密集区并产生高温。这样,我们把炊具放到抛物面焦点附近时,就可以烧水做饭了。

2. 支撑调节机构。为了使太阳灶全年都能使用,太阳灶的主光轴应该随时指向太阳,这就需要太阳灶灶体能够根据太阳的高低作前后俯仰的仰角调节,还要能够左右转动,进行方位角调节。实现这一功能的部分就是太阳灶的支撑调节机构,它包含了支架、底座以及仰角调节杆。支架架在底座上,灶体架在支架上,可以自由地左右旋转。仰角调节杆连接了灶体和支架,以实现太阳灶灶体的仰角调节。

3. 锅架。锅架就是支撑锅具的结构部分。

(三)太阳灶的推广和应用简况

> **议一议**
>
> 你对太阳灶的推广应用有什么看法?

目前我国太阳灶的推广和应用区域集中在西部太阳能较丰富的甘肃、青海、宁夏、西藏、四川(藏区)、云南等地区,这与国家和地方政府的支持是分不开的。截至2006年底,农业部在四川省甘孜和青海省玉树两个藏族自治州投资870万元实施的太阳能温暖工程项目全面完成,两州11个县、88个乡(镇)、372个村的22800户牧民每户安装了一台太阳灶,实现了一户一灶,可为牧民年节约劳动力成本1368万元。2008年,农业部继续在青海等四省藏区及宁夏中部干旱地区实施太阳能温暖工程。为此,农业部安排中央投资7741万元,在青海果洛、海南、黄南藏族自治州,四川甘孜、阿坝州,甘肃甘南藏族自治州,云南迪庆藏族自治州等藏区及宁夏中部干旱地区,为64个县的近20万户农牧民安装太阳灶198235台。

五、太阳房

太阳房是指主要靠太阳能来采暖和制冷的房屋(图4-10),分为主动式和

图 4–10 太阳房

被动式两大类。主动式太阳房的采暖方式和利用常规能源的采暖系统基本上相同，所需费用很大。被动式太阳房是在设计房屋时，从传热学的原理出发，将房屋建造成冬季能尽可能多地获取并贮存太阳能，夏季则尽可能少地吸收太阳能的格局。简言之，就是在不添置附加设备的情况下，使房屋能自动达到冬暖夏凉的效果。

被动式太阳房是最简便的一种太阳房，建造容易，不需要安装特殊的动力设备。比较复杂一点、使用方便舒适的太阳房是主动式太阳房。更为高级的一种主动式太阳房，则为空调制冷式太阳房。

（一）被动式太阳房

被动式太阳房主要根据当地气候条件，把房屋建造成能尽量利用太阳的直接辐射能的结构，它不需要安装复杂的太阳能集热器，更不用循环动力设备，完全依靠建筑结构的吸热、隔热、保温、通风等特性来达到冬暖夏凉的目的。因此，相对而言，这种太阳房较被动，亦即人为的主动调节性差，在冬季遇上连续坏天气时，可能要采用一些辅助能源补助；正常情况下，早、中、晚室内气温差别也很大。但是，对于要求不高的用户，特别是原无采暖条件的农村地区，由于它简易可行，造价不高，仍然受到人们的欢迎。在一些经济发达的国家，如美国、日本和法国，建造被动式太阳房的也不少。中国从 20 世纪 70 年代末开始这种太阳房的研究示范，现在已有较大规模的推广，北京、天津、河北、内蒙古、辽宁、甘肃、青海和西藏等地，均先后建起了一批被动式太阳房。各种标准设计日益完善，并开展了国际交流与合作，受到联合国太阳能专家的好评。

被动式太阳房一般分直接受益式和蓄热墙式两种。直接受益式构造最简单，房屋本身就是集热—蓄热器，利用向阳面的大玻璃窗（在严寒地区最好采用双层玻璃）接受日光的直接辐射；房屋地板采取符合吸热原理的措施，如深色水泥地板或铺砖等；屋顶和墙壁也要作保温处理，如加装泡沫塑料吊顶或护壁，以防止热量散失；夜间要用保温窗帘。蓄热墙式则不完全靠太阳光直接射入室内，而是通过向阳面的蓄热墙将空气加热，并使热风进入室内达到采暖的目的；夏季则利用蓄热墙起到抽风的作用，加强室内空气对流，达到降温的效果。

蓄热墙的方法是1967年法国国家科学研究中心太阳能研究室主任特朗勃教授提出的，国际上一般称为“特朗勃墙”。后来，在实际运用中，建筑师米歇尔又做了不少工作，所以蓄热墙在太阳能界也称为“特朗勃—米歇尔墙”。这种蓄热墙式的太阳房已在许多国家得到推广。我国20世纪70年代末期在甘肃试建这种被动式蓄热墙太阳房，很快受到住户的欢迎，并在此基础上结合中国的建筑特点进行了改进。蓄热墙的工作原理是当阳光辐射到蓄热墙时，先把墙体加热，并在玻璃与墙体之间加热空气。由于热空气比重轻，即形成上升的热气流，通过上风口，热风进入室内供暖；室内底层较凉的空气由下风口自动吸入空气通道，如此不断循环，室内温度逐渐上升。夏天，空气加热后从排风孔排出；打开北面小窗，凉风进入室内，加强了空气对流，使室温下降。

我国青海省刚察县泉吉邮电所是一座早期试建的被动式太阳房，使用状况一直很好。当地海拔3301米，冬季采暖期长达7个月，最冷时气温低到-22～-15℃，在不使用辅助能源的情况下，太阳房内的温度一般可维持在10℃以上。该房于1979年建造时，造价比当地普通房屋略高，但每年能节省大量采暖用煤，经济上是合算的。

根据我国农村住房的特点，清华大学在北京郊区进行了旧房改太阳房的试验，效果较好。其做法是：先对原有房屋的后墙、侧墙和屋顶进行必要的保温处理，然后将南窗下的37坎墙改成当地农民使用的低标号37混凝土块砌筑的花墙，表面涂无光黑漆和花纹，外加玻璃与涤纶薄膜透明盖板，并设有活动保温门。这种墙体在日照下能较多地蓄存热量，夜晚把保温门关闭，吸热混凝土块便向室内放热。

（二）主动式太阳房

主动式太阳房一般由集热器、传热流体、蓄热器、控制系统及适当的辅助能源系统构成。它需要热交换器、水泵和风机等设备，电源也是不可缺少的，因此这种太阳房的造价较高，但是室温能主动控制，使用也很适宜。在一些经济发达的国家，已建造了不少此类型的主动式太阳房。例如，日本于 1956 年建造了一座柳叶式太阳房，已运行 50 多年。该建筑是私人住宅，建筑面积 223 平方米。集热器为铝制管板式，采暖或降温用的集热器面积 98 平方米，热水用的集热器 33 平方米，装有两个贮箱的热泵系统。供热时，集热器收集太阳热 5～25℃，通过循环液传送到低温容器，经热泵升温可达到 42℃，并用管道输送到高温贮箱。降温时，热泵用高温贮箱中的水作降温介质，而把冷却了的水贮存于低温贮箱。热泵功率 2.2 千瓦，蓄热器容量高温为 10 立方米、低温为 4 立方米。日本兴建较多的一种太阳房为八崎式。1974 年，八崎试验太阳房竣工。它采用具有选择性表面的平板集热器，并配有水—溴化锂吸收式制冷器。建筑面积143 平方米。采用不锈钢管板式集热器，集热面积 104 平方米，蓄热器容量 6000 升，辅助热源为液化石油气。我国北京大兴县建造的一座主动式太阳房是与德国合作的成果，建筑面积 314 平方米，采用平板式集热器，并以天窗直接受益和特朗勃墙相结合，实为主动—被动混合型太阳房，辅助能源采用特制小型燃煤炉。

六、太阳能其他产品

（一）太阳能充电器

太阳能充电器（图 4-11）内置大容量锂电池，工作时将太阳能通过光电转换储存于锂电池中，在需要的时候可以对多种款式手机、MP3、MP4、PDA、数码相机等进行充电。如对手机充电 60 分钟，通常情况下可以获得 100～180 分钟通话时间或者 24 小时待机时间，特别适用于野外作业、旅游或停电等应急场合。

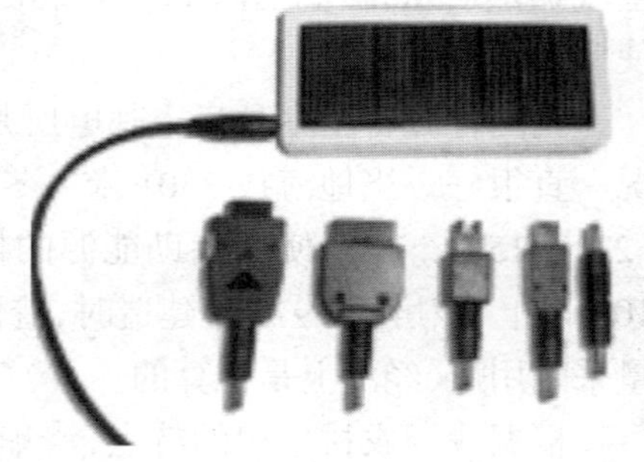

图 4-11 太阳能充电器

（二）太阳能灯

太阳能灯由太阳能电池板、太阳能控制器、蓄电池组、光源、灯杆及灯具外壳等组成。

议一议

对于太阳能其他产品，你知道多少?

对于太阳能路灯而言，它能独立供电，无须预埋输电线，环保美观，安装简易方便，可免去铺设电缆时对植被的破坏，可用作步行道及公路辅路的照明，也可用于乡村、海岛、高速公路等照明。系统每天照明 3～12 小时，连续 3～5 个阴雨天气的状况下仍可正常工作（图 4-12）。

相关的太阳能灯产品还有太阳能手提灯（图 4-13）、太阳能航空障碍灯（图 4-14）、太阳能手电筒(图 4-15)等。

图 4–12　太阳能路灯

图 4–13　太阳能手提灯

图 4–14　太阳能航空障碍灯

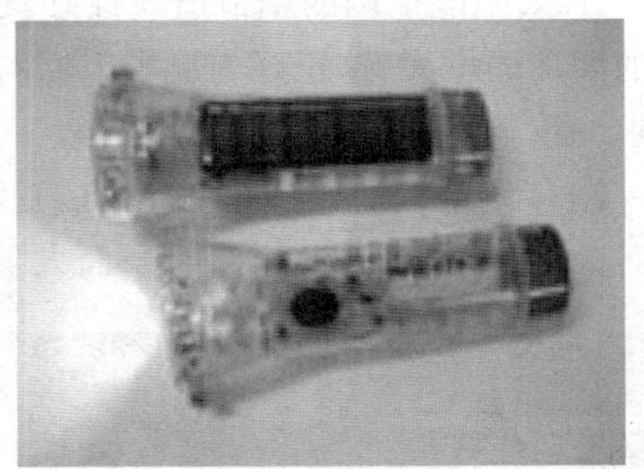
图 4–15　太阳能手电筒

阅读材料

路灯不用电　日头把灯点

凡是第一次到滨州的人都会察觉：市区街道、社区、庭院、广场乃至草坪，随处可见各式头顶博士帽式聚能板的太阳能灯。统计数据显示，目前在滨州市区，这样的太阳能灯已有3000盏。每逢夕阳西下，“吃足”了日光的盏盏太阳能灯便自动亮起，灯光明亮柔和，成为市区的一道亮丽风景。滨州市太阳能资源丰富，每平方米年辐射量约为4200兆焦，相当于250千克标准煤的热值。如果能将这些资源利用起来，不仅可解决城市用电紧张问题，而且从长远来看，还比使用普通路灯节约近一半费用。另外，由于它不用铺设线路、配置配电箱、变压器和控制设备等，又能实现零排放，所以不会对环境造成任何污染。这些路灯设计新颖别致，不但外形美观大方，而且性能稳定，因为它采用了硅光太阳能技术，即利用硅光太阳能电池，将日间的太阳能转换为电能，并将电能储存于电池，然后通过光控技术将储存的太阳能在夜间定时释放，一次充电可连续供4个以上夜间照明。

在城市建设中发展太阳能灯，不仅节约了能源和资金，美化了城市，也带动了当地经济的发展，增强了人们的环保意识。

（三）太阳能空调

采用热管式真空管集热器与溴化锂吸收式制冷机相结合的太阳能空调技术，为太阳能热利用技术开辟了一个新的应用领域。图4–16为太阳能空调，图4–17为太阳能空调组成。

与常规空调相比，太阳能空调具有以下明显的优点：

1. 太阳能空调的季节适应性好。也就是说，系统制冷能力随着太阳辐射能的增加而增大，这正好与夏季人们对空调的迫切要求一致。

说一说

太阳能空调具有哪些明显的优点？

2. 传统空调的压缩式制冷机以氟利昂为介质，它对大气层有极大的破坏作用；而太阳能空调制冷

图4–16　太阳能空调

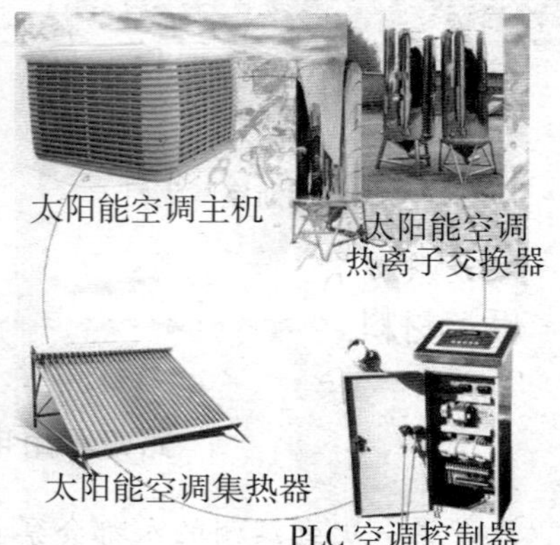

图4–17　太阳能空调的组成

机以无毒、无害的水或溴化锂为介质，对保护环境十分有利。

3. 太阳能空调系统可以将夏季制冷、冬季采暖和其他季节提供热水结合起来，显著地提高了太阳能系统的利用率和经济性。

近年来，地球表面温度逐年上升，人们对夏季空调的需求越来越强烈，安装空调已成为我国大部分地区的一股消费浪潮。我们相信，太阳能空调系统可以发挥夏季制冷、冬季采暖、全年提供热水的综合优势，必将取得显著的经济、社会和环境效益，具有广阔的推广应用前景。

（四）太阳能电动自行车

我国是自行车保有量最多的国家，同时也逐步成为电动自行车最多的国家。我国的国情决定了我国不可能像欧美发达国家那样全面使用小轿车，因此，电动自行车将有可能成为中国人的主要个人交通工具。太阳能电池是为人类提供电能的最理想的介质之一，因此也理所当然地将成为为电动自行车提供电能的最理想的途径。图 4-18 为太阳能电动自行车。

电动自行车与摩托车相比具有如下优点：

1. 无有害气体排放，无噪声。如能做好蓄电池的回收工作，几乎对环境没有任何污染。

2. 节能。内燃机的效率远比电动机低。根据测定，汽油的能量为 12.8 千瓦 / 千克，假如摩托车耗油为 2 升 / 百千米，则其能量消耗相当于17.9 千瓦

议一议

你想不想自己动手制造一辆太阳能自行车?

图 4-18 太阳能电动自行车

时／百千米，而电动自行车的实际测定能量消耗为1.25千瓦时／百千米。尽管电动自行车的速度、性能和负载能力都比不上摩托车，但如仅就城市交通来说，摩托车的能量消耗是电动自行车的17倍。

3. 价格便宜。无论一次性购置费用或者每年的使用费用，电动自行车都比摩托车便宜很多。

太阳能利用范围非常广泛，除上述产品外，还有太阳能干燥器、太阳能温室、太阳能海水淡化装置以及太阳能医疗器具等。

课题三

太阳能产业

知识要点

1. 太阳能开发利用技术
2. 太阳能利用产业

一、太阳能开发利用技术

人类利用太阳能已有几千年的历史，但发展一直很缓慢，现代意义上的开发利用只是近半个世纪的事情。1954 年，美国贝尔实验室研制出世界上第一块太阳能电池，从此揭开了太阳能开发利用的新篇章。之后，太阳能开发利用技术发展很快，特别是 20 世纪 70 年代爆发的世界性石油危机，有力地促进了太阳能的开发利用。经过近半个世纪的努力，太阳能光热利用技术及其产业异军突起，成为能源工业的一支生力军。迄今为止，太阳能的应用领域非常广泛，但最终可归结为太阳能热利用和光利用两个方面。

太阳能的总量很大，我国陆地表面每年接受的太阳能就相当于 1700 亿吨标准煤。但太阳能十分分散，能流密度较低，到达地面的太阳能每平方米只有 1000 瓦左右。同时，地面上太阳能还受季节、昼夜、气候等因素的影响，天气时阴时晴，光照时强时弱，具有不稳定性，这些都给大规模利用太阳能在技术上带来了困难。

想一想

太阳能的开发利用必须解决哪几个技术问题？

根据太阳能的特点，必须解决以下 4 个基本技术问题，才能有效地加以利用：

（一）太阳能采集

由于太阳能的能流密度低，具有分散性，在利用时首先要有足够大的装置对其进行采集，平板集热器、真空管集热器和各种聚光集热器都是为此而设计制造的。由于太阳的高度、方位随季节和时间而变化，为了有效地采集太阳能，安装平板集热器，应根据当地的纬度和使用季节合理选取安装倾角；对于聚光集热器，还需要跟踪太阳。

（二）太阳能转换

太阳能是一种辐射能，利用时一定要将之转换成其他形式的能量，如热能、电能和生物能等。太阳能同自然界中其他形式的能量一样，都遵循普遍的能量转换与守恒定律。将太阳能转换成不同形式的能量需要不同的能量转换器，如集热器通过吸收面，可以将太阳能转换成热能；利用光伏效应，太阳电池可以将太阳能转换成电能；通过光合作用，植物可以将太阳能转换成生物能，等等。

（三）太阳能贮存

由于太阳能具有间歇性，不能满足工业化大规模连续供能的要求，所以必须解决太阳能的贮存问题。最简单的方法是利用石块、水等的显热贮存，但这种方法贮存的能量有限，贮存时间短，装置十分庞大。为了克服上述不足，可以采用相变贮能、太阳池贮能及热化学可逆反应贮能等。

太阳能可以转换成电能进行贮存，如常见的有铅酸蓄电池和镉镍蓄电池，新近研制成功的还有镍氢电池。这些蓄电池都能贮存电能，但容量都比较小。研究开发大容量、长时间电能贮存技术是一项十分重要的课题，国外正在研究利用大直径的超导线圈贮存电能，试图实现这一目标。当然，也可以将电能用于制氢，利用氢能间接贮存电能，这种太阳能—氢能系统的前景十分广阔。

此外，太阳能还可以转换成超级飞轮的动能、抽水电站上方水库水的势能和压缩空气的势能等机械能进行贮存，但其中只有抽水贮能技术比较成熟，已有实际应用。

（四）太阳能输送

虽然太阳能各地都有，但其资源情况不同，有的地方太阳能资源很丰富，十分适合大规模开发利用，但当地能源并不一定紧缺；相反，有的地方太阳能资源很贫乏，其他能源也很紧缺，非常需要将其他地方的太阳能输送到该地加以利用。因此，为了大规模利用太阳能，有效地输送太阳能也是一项十分重要的技术课题。

有的科学家建议在非洲荒凉的沙漠中建造巨大的太阳能电站，利用当地丰富的太阳能发电，再通过电解水制氢，将氢气液化后经海底管道输送到欧洲，实现太阳能远距离输送。

空间太阳能电站可以克服地球上因昼夜变化而使太阳能不稳定的问题，但必须用强大的微波或激光才能将空间太阳能电站所发的电能输送到地球。

一些大楼为了改善采光条件，变人工光源照明为自然光照明，可以通过光导纤维或其他光学技术将室外的太阳光传送到室内。

总之,在大规模利用太阳能时,太阳能的输送是一项不容忽视的重要技术。

二、太阳能利用产业

自 1975 年在河南安阳召开全国第一次太阳能利用经验交流大会以来,太阳能的开发利用工作开始纳入国家计划,经过科技攻关,太阳能利用技术有了很大提高。1995 年 4 月,在北京召开了中国太阳能高级研讨会,会上讨论通过了《北京宣言》。《北京宣言》明确指出:“用可再生能源替代一部分常规能源,它既是近期迫切需要的补充能源,又是未来能源结构的基础。”太阳能是一种广泛存在、平等给予且可自由利用的能源,它对于中国边远地区的能源供给以及中国东西部地区的平衡发展有着特别重要的意义,对于改善当地和全球环境也有重要意义。

我国政府一贯关心和支持太阳能及可再生能源的开发利用。1992 年联合国全球环境与发展大会后,国务院提出了我国对环境与发展采取的 10 条对策和措施,明确提出要因地制宜开发并推广利用太阳能和可再生能源。我国是世界上最先完成《中国 21 世纪议程》报告的国家,在科研和示范推广方面,国家科技攻关中都安排了太阳能和可再生能源项目。1995 年初,国家计委、国家科委和国家经贸委又联合制定了《新能源和可再生能源发展纲要(1996~2010)》,提出了“九五”以至 2010 年新能源和可再生能源的发展目标、任务以及相应的对策和措施。《新能源和可再生能源发展纲要 1996—2010》确定今后 15 年新能源和可再生能源发展的总目标是“提高转换效率,降低生产成本,增大在能源结构中所占比例”,要求“新技术、新工艺有大的突破,国内外已成熟的技术要实现大规模、现代化生产,形成比较完善的生产体系和服务体系;实际使用量要达到 3.9 亿吨标准煤以上(包括生物能传统利用方式的利用量),为保护环境和国民经济持续发展做出贡献”。

为了实现上述目标,太阳能和可再生能源开发利用的主要任务是要在 21 世纪初的 10 年间,选择一批对国民经济和生态环境建设具有重大价值的关键技术进行研究开发,其工作重点是加强这些技术的试点示范和科技成果的转化工作,促进产业形成,尽快实现商品化生产和推广应用。根据可持续发展战略,太阳能热利用在替代高含碳燃料的能源生产和终端利用中大有用武之地。太阳能热利用具有广阔的应用领域,可归纳为太阳能热发电(能源产出)和建筑用能(终端直接用能),包括采暖、空调和热水。当前太阳能热利用最活跃并已形成产业的当属太阳能热水器和太阳能热发电。

（一）太阳能热利用产业

1. 国外太阳能热利用情况。在世界范围内，太阳能热水器技术已很成熟，并已形成产业，正在以优良的性能不断地冲击电热水器市场和燃气热水器市场。国外的太阳能热水器发展很早，但20世纪80年代的石油降价，加之取消对新能源减免税优惠的政策导向，使工业发达国家太阳能热水器总销售量徘徊在几十万平方米。1992年，国外太阳能热水器总量为45万平方米，其中日本为20万平方米、美国为12万平方米、欧洲为8万平方米、其他国家为5万平方米。目前，我国是世界上太阳能热水器生产量和销售量最大的国家。国际上，太阳能热水器产品经历了闷晒式、平板式、全玻璃真空管式的发展阶段，目前其产品的发展方向仍注重提高集热器的效率，如将透明隔热材料应用于集热器的盖板与吸热间的隔层，以减少热量损失。

随着世界范围内的环境意识和节能意识的普遍提高，太阳能热水器必将逐步替代电热水器和燃气热水器。虽然太阳能热水器目前仍存在市场价格高、受季节和天气影响等不利因素，但太阳能热水器具有不耗能、安全、无污染等优势，而且随着技术的发展，其经济性也逐渐显露出来，在经济上已具有较强的竞争力。

2. 我国太阳能热利用情况。近几年来，我国太阳能热利用产业快速发展。太阳能热水器是我国可再生能源技术比较成熟、市场化程度较高、产业链比较完整、适合我国国情的一项技术。2006年，销售额近300亿元，提供就业机会60多万个。中国太阳能热水器2005年安装量为世界的77%，具有真空管镀膜生产线1000条及配套设备，生产能力为2亿支，可装配约2000万平方米太阳能热水器，还有配套设备。一些骨干企业做了技术改造，提高了企业的装备水平和条件。

> **议一议**
>
> 本地区太阳能产业发展情况。

此外，我国建设完成了一批太阳能热水器与建筑结合的项目。太阳能热水器与房地产项目同步设计、同步施工、同步验收的理念逐步被建筑行业所接受。建设社会主义新农村活动的开展，为太阳能热水器在农村地区的推广应用提供了良好的契机。截至2010年，全国太阳能热水器达到1.5亿平方米，加上太阳灶、太阳房等其他太阳能热利用项目，年替代能源量超过5000万吨标准煤，节能和社会效益十分明显。

阅读材料

一、太阳能热水器走在希望的田野上

太阳能热水器在中国市场的发展速度和增长规模超出了许多人的想象。与电热水器和燃气热水器在国内市场发展20多年的历史相比，太阳能热水器市场化推广不足10年，却涌现了皇明、四季沐歌、华扬、桑夏、亿家能、中科贝尔等一批品牌化和规模化的企业。短短几年时间，企业在产品和技术上不断创新，推出了针对城市高层住宅的壁挂式太阳能新品，研发了具有预约加热、自动上水等全智能化控制的竞争力产品。

尽管2008年爆发了金融危机，但对太阳能热水器的冲击并不大。企业通过对个人市场的二次更新机会以及商业工程的低层住宅楼的产品配套，不仅弥补了局部市场的下滑，还带来新的增长。

此外，作为太阳能热水器企业的主战场，三、四级市场的需求量一直支撑着国内太阳能热水器企业的快速发展。近年来，包括四季沐歌、华扬、皇明等在内的国内品牌企业，在农村市场的销售份额占比极大，有的企业在农村市场的销售份额最高达到65%以上，这极大地刺激了企业进军农村市场的热情。

为了更好地拓展农村市场，在强劲对手激烈竞争的情况下获得最大化的市场份额，不少热水器企业都针对农村市场推出有个性化的营销举措。例如，皇明专门在农村市场建立了集体太阳能热水器浴室；而四季沐歌则在服务上进行突破，实施集售前管路设计、售中水电排线、售后定期巡检为一体的大服务体系。不过，短期内一些地区的农村市场受到集中供水、生活习惯等因素的局限，太阳能热水器的应用范围仍受到一定局限。

尽管国务院早就明确从2009年2月1日起将热水器纳入家电下乡的目录中，但是，由于太阳能热水器产品在国内市场发展较晚，政府主管部门和消费者对于这一产品的认知度不够高，导致许多省市在选择下乡产品时，均未将太阳能热水器纳入招标范围。

不过，也有例外。北京于2009年2月12日率先在全国启动了太阳能热水器产品下乡的招标工作。同时，甘肃省也启动了热水器产品下乡的流通标招标工作。接下来，不排除江苏、山东等太阳能热水器发展基础较好的省（市）会启动对这一产品的下乡工作。

二、我国太阳能热利用企业科技创新之路

科技创新是企业持续、健康发展的强大动力，也是决定企业实现又好又快发展的试金石。太阳能热利用作为新兴产业和高科技产业，要想获得持久的竞争力和市场的认可，就必须坚持科技创新。做好科技创新，必须要有专业的、高水平的科技人才作为保证，必须要有科技人才施展才华的科技平台，必须要有鼓励科技人才技术创新的奖励政策，必须要有充足的实施科技创新战略的资金扶持，必须要确保产品研发与市场需求高度接轨。只有这样，我国太阳能企业的科技创新工作才能有的放矢，取得突破性进展。

1. 吸引高水平专业科技人才

科技人才是企业科技创新的核心，是保证企业持续发展的关键。太阳能热利用作为新兴产业，核心技术人才相对缺乏，因此如何有效地开发、吸引和利用科技人才至关重要。目前，我国太阳能热利用企业采取的主要做法有以下几种：

（1）高薪聘请。如皇明太阳能集团高薪聘请了澳大利亚悉尼大学太阳能研究权威、享有“世界镀膜王”美誉的太阳能干涉膜技术的发明者章其初博士加盟，太阳雨集团高薪聘请了国际太阳能最高奖获得者哈丁担任其首席科学家。

（2）借助外脑。如山东力诺瑞特新能源公司通过设置泰山学者、泉城学者等岗位，积极与清华大学“中国镀膜管之父”殷志强教授、长江学者罗毅教授等进行合作，充分利用清华大学高水平的科技资源为企业服务；四季沐歌则借助北京大学新能源研究中心的科技人才优势，不断提升研发实力。

（3）自身培养。如力诺瑞特与山东建筑大学合作成立了我国太阳能领域首个太阳能本科班和硕士班，通过自身培养的方式为企业积聚科技人才资源。

2. 搭建科技创新平台

科技创新平台是科技人员施展才华的重要舞台，为科技人员搭建高水平的创新平台是企业科技工作的重中之重。我国太阳能热利用企业在近20年的发展过程中，科技创新平台建设不断推进，特别是近几年，兴建了一批国际水平的太阳能研发、检测中心。皇明太阳能集团目前拥有15个实验室、317部企业标准，并计划在青岛建立国际研发中心，着力搭建顶级的科技研发平台；力诺瑞特集团企业技术中心被认定为太阳能热利用行业首家国家级企业技术中心，技术研发实力显著提升，集团还与清华大学合作成立了清华力诺能

源光电子研究所，与德国斯图加特大学联合建立了国内唯一符合欧洲标准的ENISO太阳能检测中心；桑乐太阳能组建了山东省太阳能热利用工程技术研究中心，等等，这些都为科技人员开展科技创新工作提供了广阔的空间。

3. 制定完善的科技奖励政策

科技奖励是企业开展科技创新活动的重要环节，也是充分调动广大科技工作者积极性和主动性的有效手段。太阳能热利用企业要想实现又好又快地发展，就必须不断完善并落实科技奖励政策，要对获得国家专利、承担国家及省（市）重大科技项目的科技人员给予重奖，要将科技奖励与科技项目带来的经济效益相结合。现在我国的太阳能热利用企业在这方面做得都不是很好，更多的企业把奖励重点放在了营销环节，殊不知，如果没有技术创新取得的先进成果，市场营销工作就成了无本之木、无源之水。因此，我们希望广大的太阳能热利用企业在重奖营销的同时，也要不断加大对科技创新环节的奖励，不仅要奖科技创新技术人员，也要奖励那些为技术人员开展工作搭建广阔平台，申报国家、省（市）项目，争取各级科技政策扶持资金的科技管理人员，只有这样，科技创新工作才能取得实质性进展。

4. 不断加大科技投入力度

科技投入是企业开展科技创新工作的有力支撑，如果没有科技投入作为保证，即使有再专业的科技人员、再先进的研发平台，科技创新也难以取得成功。加大科技投入，为的是降低产品的生产成本，获得市场的认可和青睐。科技投入的来源主要包括：一是企业自筹资金；二是政府科技扶持资金。科技投入资金的使用，既可以用于开发新技术、新产品，引进国外先进技术和装备，改进产品结构和工艺技术水平，也可以用于开展产学研活动，引进科技创新人才等。皇明太阳能集团在研发太阳能高温发电集热钢管项目上先后投入5000余万元，成为全球唯一掌握该技术的企业。集团投资1亿元人民币研发的太阳能高温中试发电项目，目前也已经取得预期的良好效果。力诺瑞特在进行CPC、U形全玻璃真空管集热器项目研发过程中，充分利用国家政策优势，争取到发改委1000万元的资金扶持，使得企业在减少自身投入的情况下取得了显著的科技成果。

5. 确保技术创新与市场“无缝对接”

我国太阳能热利用企业在进行技术创新的过程中要坚持以市场需求为导向，要充分进行研发前期的市场调研，将顾客的要求转化为现实的科技成果。力诺瑞特太阳能能够在太阳能与建筑一体化领域一枝独秀，就是充分考虑了城市居民的现实需求，开发出了适合小高层和高层建筑应用的太阳能系列产品，从而占领了工程市场的话语权。桑乐太阳能之所以能够占据农村市场，除了遍布城乡的销售网络外，产品符合农村市场需求也是非常重要的原因。为了实现创新与市场的“无缝对接”，太阳能生产企业就要充分考虑市场需求。在东北，吸热保温效果好，能够适应严寒气候的太阳能必然畅销；在农村，价格低廉、功能相对简单的太阳能更受青睐。在东北和西部，太阳能支架的倾斜角度应该是不相同的。在不同地域，多大的倾斜度能吸收更多阳光是太阳能生产企业需要考虑的问题……

我国太阳能热利用企业在技术创新过程中，只要秉承“科技人才是核心、市场需求是前提、研发平台是保证、科技投入是支撑、科技奖励是手段”的科技工作理念，就一定能够在激烈的市场竞争中脱颖而出，使我国的太阳能热利用产业始终走在世界的前列。

（二）太阳能光伏产业

太阳能发电分光热发电和光伏发电，不论产销量、发展速度和发展前景，光热发电都赶不上光伏发电。通常所说的太阳能发电往往指太阳能光伏发电，简称“光电”。太阳能光电已成为全球发展最快的能源。20 世纪 50 年代第一块实用的硅太阳能电池的问世，揭开了光电技术的序幕，也揭开了人类利用太阳能的新篇章。自 20 世纪 60 年代太阳能电池进入太空、70 年代进入地面应用以来，太阳能光电技术发展迅猛，利用太阳能获取电力已成为全球发展最快的能量补给方式。

光伏发电是根据光生伏特效应原理，利用太阳能电池将太阳光能直接转化为电能。不论是独立使用还是并网发电，光伏发电系统主要由太阳能电池板（组件）、控制器和逆变器三大部分组成。它们主要由电子元器件构成，不涉及机械部件，所以光伏发电设备极为精练，而且可靠稳定寿命长，安装维护简便。理论上讲，光伏发电技术可以用于任何需要电源的场合，上至航天器，下至家用电源；大到兆瓦级电站，小到玩具，光伏电源可以无处不在。

太阳能光伏发电的最基本元件是太阳能电池（片），有单晶硅、多晶硅、非晶硅和薄膜电池等。目前，单晶硅和多晶硅电池用量最大，非晶硅电池用于一些小系统和计算器作辅助电源等。国产晶体硅电池效率在 10%～13%左右，国外同类产品效率约为 12%～14%。由一个或多个太阳能电池片组成的太阳能电池板称为“光伏组件”。

近几年，国际上光伏发电快速发展，已经建成了 10 多座兆瓦级光伏发电系统、6 个兆瓦级的联网光伏电站。2002 年，全球太阳能电池和光伏组件产量约为600兆瓦,其中日本占45%、美国占25%、欧洲约占22%。日本是光伏产业发展最快的国家,在不到10年的时间里超过了美国,2001年世界十大太阳能电池生产厂中,日本就有4家。欧美发达国家大都制定了阳光计划,并采取措施鼓励居民安装太阳能发电系统,比如部分赠款、无息贷款和种子基金等,并以高出普通电价几倍的价格购买居民家中多余的太阳能电量。最雄心勃勃的屋顶计划当属1997年6月美国总统克林顿宣布实施的美国百万屋顶计划,该计划从1997年开始实施,至2010年,将在百万个屋顶上安装光伏系统,并使每千瓦时发电成本降到6美分。德国《新可再生能源法》规定了光伏发电上网电价,大大推动了光伏市场和产业发展,成为继日本之后世界光伏发电发展最快的国家。瑞士、法国、意大利、西班牙、芬兰等国也纷纷制定光伏发展计划,并投巨资进行技术开发和加速工业化进程。上述各国屋顶计划的实施,有力地促进了太阳能光电的应用普及,使太阳能光电进入千家万户。

目前,光伏发电产品主要用于三方面:一是为无电场合提供电源,主要是为广大无电地区居民的生活、生产提供电力,还有微波中继电源、通信电源等,另外还包括一些移动电源和备用电源;二是太阳能日用电子产品,如各类太阳能充电器、太阳能路灯和太阳能草坪灯等;三是并网发电,这在发达国家已经大面积推广实施,我国并网发电正在起步阶段。2008年北京“绿色奥运”部分用电是由太阳能发电和风力发电提供的。

光伏产业是世界上发展最快的能源产业之一。在各国政府的扶持下,光伏发电产业自20世纪80年代以来得到了迅速发展。最近10年,光伏发电产业的年平均增长率为30%,近5年的年平均增长率为40%。

阅读材料

一、巨型太阳能飞机正在瑞士进行试验飞行

巨型太阳能飞机的设计者在瑞士日内瓦透露,他准备创造航空奇迹,进行长途环球飞行。这架巨型太阳能飞机的机翼就达到了空中客车A380的长度,上面装有250平方米的太阳能电池板。据悉,这次环球飞行壮举将于2011年前完成。

据项目负责人透露,他们在进行环球飞行前要完成充分的数据模拟,以保证飞行安全。这项名为“太阳能推动力”项目的负责人皮卡特说,这是一次伟大的试验,但所有可能性都必须要考虑到。

皮卡特还是瑞士热气球协会的主要负责人之一，他希望有一天能够乘坐这种太阳能飞机从巴黎飞到纽约。他的家人几乎都是探险爱好者。

考虑到具体情况，太阳能飞机项目小组打算近日先在美国展开试验，让它能够飞越美国大陆。这个项目投资7000万欧元，于2003年正式展开。

二、绿色建筑见证绿色奥运

近年来，环境保护越来越受到国际奥委会的重视。1995年7月15日在洛桑（瑞士）闭幕的关于体育和环境问题的首次会议确认，国际奥委会将把保护环境作为奥林匹克精神的支柱之一，环境保护已经成为现代奥运会的主题。1996年，在亚特兰大举行的国际奥委会会议决定成立环境委员会。国际奥委会于1999年制定《奥林匹克21世纪议程》，明确奥林匹克运动要全力推动全球可持续发展和环境保护事业。

北京奥运会场馆在规划、设计、施工等各个环节都贯穿了“绿色奥运”理念，比如奥运村建成了6000平方米的太阳能光热系统。奥运会后，这套系统将满足附近2000户居民的生活热水需求，每年节电约1000万千瓦时、节煤2000多吨。

大家所熟悉的北京奥运会主体育场是一个雄伟壮观的“鸟巢”，也是一个绿色环保的“鸟巢”（图4-19）。它安装了100千瓦的太阳能光伏发电系统，日均发电量超过200千瓦时，可为1.5万平方米的地下车库提供充足的照明电力；使用先进膜结构，确保了体育场内部的亮度，节约了能源；在设计中充分考虑了雨洪利用，收集、处理后的雨水可用于比赛场馆的草坪灌溉、空调水冷

图4-19 “鸟巢”外形

却、冲厕、绿化、消防等，年均节水近6万吨。更引人注目的是，“鸟巢”使用了地源热泵，从土壤中吸收能量，用于补偿体育场空调系统等。“鸟巢”在建设过程中曾经“瘦身”，节约了大量资源，更好地阐释了“绿色奥运”理念。在对原来的设计方案进行优化调整后，“鸟巢”取消了原定的可开启屋盖，扩大了屋顶开孔，坐席数由原来的10万个减少到9.1万个。这使“鸟巢”减少用钢量1.2万吨，减少膜结构9000平方米。

国家游泳中心“水立方”3万平方米的屋顶可以把雨水100%地收集起来，雨水收集系统一年收集的雨水量相当于100户居民一年的用水量。膜结构等相关技术使自然光能得到充分利用，现在“水立方”平均每天9.9小时使用自然光，省电效果显著。

据统计，北京奥运会实施了358个“绿色奥运”项目，包括新能源项目69项、建筑节能项目168项、水资源项目121项。奥运工程共建设了9个太阳能热水系统。

2010年是中国太阳能光伏产业快速发展的一年。受益于太阳能产业的长期利好，整个光伏产业出现了前所未有的投资热潮。截至2008年7月，已有10家中国光伏企业在海外上市，平均单笔IPO融资1.977亿美元。2008年，太阳能产业进入黄金期。在技术进步方面，继多晶硅技术迅猛发展后，近日，全球领先的光伏企业——常州天合光能宣布，其与法国丽莎航空达成合作协议，共同研制一种新能源动力飞机，该飞机将成为全球首架以太阳能和氢能作为动力来源的创新型飞机。

1. 我国光伏产业发展经历的阶段。

（1）雏形阶段。我国于1958年开始研究光伏电池，其间研究人员进行了大量科学研究实验，付出了辛勤的劳动。

1971年，光伏电池首次成功应用于我国发射的“东方红二号”卫星上，从此开始了我国太阳能电池在空间应用的历史。同一年，太阳能电池首次在海港浮标灯上应用，开始了我国太阳能电池地面应用的历史。我国的光伏工业在20世纪80年代以前尚处于雏形，太阳能电池的年产量一直徘徊在10千瓦以下，价格也很昂贵。由于受到价格和产量的限制，太阳能电池市场的发展很缓慢，除了作为卫星电源，在地面上仅用于小功率电源系统，如航标灯、铁路信号系统、高山气象站的仪器用电、电围栏、黑光灯、直流日光灯等，功率一般在几瓦到几十瓦之间。

（2）萌发阶段。在世界太阳能光伏产业的推动下，自1979年到20世纪80

年代中，我国一些半导体器件厂（如云南、宁波、开封和北京的一些器件厂等），开始利用半导体工业废次单晶硅和半导体器件工艺来生产单晶硅太阳能电池，我国光伏工业进入萌发时期。

（3）稳定发展阶段。20 世纪 80 年代中后期开始，一些太阳能电池厂引进国外关键设备，如云南半导体厂、秦皇岛华美厂和深圳大明厂引进成套单晶硅电池和组件生产设备，哈尔滨克罗拉太阳能公司和深圳宇康厂引进非晶硅电池生产线，使我国光伏电池 / 组件总生产能力达到 4.5 兆瓦，我国光伏产业初步形成。20 世纪 90 年代初中期，我国光伏产业处于稳定发展时期，生产量逐年稳步增加。

说一说

我国光伏电产业的发展概况。

在“六五”和“七五”期间，国家开始对光伏工业和光伏市场的发展给予支持，中央和地方政府在光伏领域投入了一定资金，使得我国十分弱小的太阳能电池工业得到了巩固并在许多应用领域建立了示范，如微波中继站、部队通信系统、水闸和石油管道的阴极保护系统、农村载波电话系统、小型户用系统和村庄供电系统等。在“七五”期间，先后从国外引进了多条太阳能电池生产线。

（4）快速发展阶段。20 世纪 90 年代末，我国光伏产业发展较快，设备不断更新，各地又建立了一些组件封装厂，生产能力和实际生产量有了较快增加。天合光能公司于 1998 年成立，至今已经风风雨雨地走过了 10 年，见证并推动着我国光伏产业的发展。如今，天合光能的产品涵盖了硅棒、硅片、电池和高品质组件的安装，是目前全球拥有相对完整产业链的为数不多的光伏厂家之一。无锡尚德于 2002 年底建成 10 兆瓦多晶硅电池生产线，使生产能力在该年有了较大幅度增加。到 2003 年底，我国光伏产业总的生产能力达到 38 兆瓦，其中晶硅电池 35 兆瓦、非晶硅电池 3 兆瓦。此外，宁波中意公司、保定英利分别于“九五”期间和 2004 年建成 2 兆瓦及 6 兆瓦多晶硅铸锭与硅片生产线。

20 世纪 90 年代以后，随着我国光伏产业初步形成和成本降低，应用领域开始向工业领域和农村电气化方向发展，市场稳步扩大，并被列入国家和地方政府计划，如西藏阳光计划、光明工程、西藏阿里光伏工程、光纤通信电源、石油管道阴极保护、村村通广播电视、大规模推广农村户用光伏电源系统等。进入 21 世纪，特别是近几年的送电到乡工程，国家投资 20 亿元，安装了 20 兆瓦，解决了我国 800 个无电乡镇的用电问题，推动了我国光伏市场快速、大幅度增长。与此同时，并网发电示范工程开始有较快发展，从 5 千瓦、10 千瓦发展到 100 千瓦以上，2004 年深圳世博园 1 千瓦并网发电工程成为我国光伏应用领域的亮点。2008 年中国光伏安装总量是 40 兆瓦，累计安装总量只有 140 兆瓦，而 2009 年全年安装量就有 160 兆瓦，是上一年的 4 倍，比以往累计安装总量还要多，足见中国光伏产业呈现飞速发展的趋势。

深圳、汕头、广州和浙江等地大量出口太阳能庭院灯，年销售额运 5 亿元之多。庭院灯用的电池片通常靠进口，然后用胶封装，工艺简单。所用电池片每年达 6 兆瓦之多，是太阳能电池应用的一个大户。

我国已经形成了一个高水平的规模化、专业化、国际化的光伏产业群。2008 年，我国太阳能电池产量占世界总产量的 22%，首次超过德国，居世界第二位。

2. 我国太阳能光伏产业的问题及隐患。虽然我国光伏产业发展迅速，产业规模和技术水平都有相应提高，但同发达国家相比仍存在很大差距。主要表现在以下方面：

（1）专用原材料国产化程度低。专用原材料品种不全，已经实现国产化的材料和部件，其性能偏低，如银、铝浆、EVA 等。组件封装低铁绒面玻璃、TPT 尚未投放市场。

（2）产业发展不平衡。形成光伏产业链上游小、下游大的不平衡状态，其中最严重的是太阳能多晶硅生产是空白，完全依赖进口。其他环节的差额部分需要进口，如电池片、硅锭 / 硅片以及其他配套材料等。

（3）设备水平和制造能力落后，设备的设计制造与单晶硅生产工艺脱节。生产单位缺少资金，设备陈旧，工艺技术落后，因此产品成本高、品种少，缺乏竞争力。多晶硅铸造炉、线锯、破锭机完全需要进口；PECVD 氮化硅沉积设备、丝网印刷机、电池片分选机、串联焊接机等性能均不能满足现代化生产需要，这些设备都需要全套引进。

大多数设备制造商只注重设备的生产制造，而忽视了与设备使用单位的交流与沟通，不能提供最适应生产需要的产品。对于设备使用单位来讲，设备的稳定性、可靠性是第一位的，但设备的操作界面友好、使用便捷、生产率高和节能环保也很重要，特别是在目前原材料紧缺、价格昂贵、市场竞争激烈的情况下，更应该考虑提高生产效率和节能降耗。

（4）科研基础薄弱。企业通过引进消化吸收能够在短时间内建立起现代光伏产业，但配套的专用材料和设备一时还跟不上，其中太阳级多晶硅材料尤其突出。国家应组织光伏产业同化工、机电设备制造产业联合攻关，同时积极寻求国际合作，以太阳级硅为切入点，避开半导体级硅的技术封锁。

（5）缺乏全国统一的规划。仅有一些部委或地区规划，致使光伏科学的基础研究、材料研究、发展研究、应用研究、产业化研究、市场开发研究不能步调一致，光伏产业的发展规模和原材料供应脱节，光伏市场的培育及建设缓慢。此外，缺乏促进光伏超速发展的鼓励政策等。

（6）应用单位得不到廉价的、可靠的、性能优越的光伏产品。西藏、新疆、内蒙古等许多地方的区域供电都有极大的困难，而这也正是光伏发电的巨大潜在市场。

（7）太阳能光伏科普教育和人才培养环节薄弱。太阳能光热，特别是太阳能热水器经过多年的科普万里行和广泛推广，目前已经深入大众心中，而太阳能光伏对民众来说仍很陌生。中青年光伏人才紧缺，缺乏专业技术人才，技术力量不足。

（8）缺乏自主创新能力，自主知识产权少。大部分设备生产厂家研究创新能力差，原创技术少，测绘模仿多，在原有的技术基础上徘徊，技术进步缓慢，设备不能上档次，在一定程度上减缓了行业的快速发展。

（9）没有执行统一规范的行业标准。各家生产的设备规格不统一，主要表现在真空室尺寸、电极中心距、籽晶夹头结构与尺寸、坩埚杆连接形式、控制操作形式等方面，给用户的使用、配套消耗品的选择、工艺系统的配备等方面造成一定的麻烦，甚至影响到标准工艺的推广应用和最终产品的质量。

（10）企业各自为阵，缺乏沟通与协调。目前各设备生产厂家为了抢占市场，相互之间不能在技术上相互沟通，一味地在价格或降低设备的性能方面进行竞争，这同样也影响了行业的技术进步与发展。

（11）质量意识薄弱。太阳能光伏产业的飞速发展，使单晶硅生产设备市场异常火爆，大部分设备生产单位仅着眼于短期利益，只重视产出，完成生产任务，抢占市场，从而忽略了产品的质量。这样会严重地影响用户的正常使用，同时也增大了自身售后服务的成本，在给用户造成损失的同时也给自己增添了很多麻烦，造成不可估量的损失。

（12）服务水平不高，重视售前服务，忽视售后服务。设备生产单位要提高服务意识，不但要重视售前服务，更应该重视售后技术服务，这样才能得到用户的认可，增强市场竞争力，同时也能了解到设备的优点与缺点，有利于对设备的持续改进与提高。

3. 我国太阳能光伏产业的对策和出路。产业在发展中难免会有这样或那样的问题，造成这些问题的原因是多方面的。有关专家认为，解决中国光伏产业发展的对策和出路是：

（1）加强领导，统一规划，提出明确的近期、中期和远期的国家目标。

（2）制定优惠政策，鼓励大规模开发利用太阳能光伏发电，对光伏独立系统和光伏并网系统给予立项、贷款、税收及财政补贴等方面的支持。

(3) 鼓励银企结合，创建数个大型光伏名牌企业(每个光伏工厂年产量达10～100兆瓦)和名牌产品，创立可持续发展的光伏产业，参与国际竞争。

(4) 重点扶持若干个研究开发、人才培训和检测基地。由政府牵头，建成若干个产学研、科工贸群体，将国家目标和企业利益结合在一起运作。

(5) 加强国际交流和合作，大力吸收境外资金、人才和信息进入中国相应的管理部门、科研教学部门和生产应用部门。

(6) 在城市建筑中大规模利用光伏发电技术，实现光伏建筑一体化。我国现有大约400亿平方米的建筑面积，屋顶面积达40亿平方米，南立面大约还有50亿平方米的可利用面积。如果这些建筑中有20%安装太阳能电池，其安装量就可达1000亿瓦。

(7) 利用独立光伏发电系统来解决受灾地区的用电之需。2008年初，我国南方的雨雪冰冻自然灾害使很多地区的电网遭到了毁灭性破坏，当地百姓长时间生活在无电的状态下。如果利用独立的光伏发电系统来解决受灾地区的用电之需，应该不失为良策。

光伏产业市场前景广阔，正视存在的问题，把挑战转化成机遇，中国光伏产业就会一路前行，取得丰硕的成果。

太阳能光伏发电在不远的将来会占据世界能源消费结构的重要地位，不但会替代部分常规能源，而且将成为世界能源供应的主体。预计到2030年，可再生能源在总能源结构中将占到30%以上，而太阳能光伏发电在世界总电力供应中的占比也将达到10%以上；到2040年，可再生能源将占总能耗的50%以上，太阳能光伏发电将占总电力的20%以上；到21世纪末，可再生能源在能源结构中将占到80%以上，太阳能光伏发电将占到60%以上。这些数字足以显示出太阳能光伏产业的发展前景及其在能源领域中重要的战略地位。

根据我国《可再生能源中长期发展规划》，到2020年，我国力争使太阳能发电装机容量达到1800兆瓦，到2050年将达到60万兆瓦。预计，到2050年，中国可再生能源的电力装机容量将占全国电力装机容量的25%，其中太阳能光伏发电装机容量将占到5%。未来十几年，我国太阳能发电机装机容量的复合增长率将高达25%以上。

阅读材料

政府应如何推动太阳能产业发展

太阳能作为可再生能源的重要分支,其安全、绿色、环保等特性正在不断体现,因此,大力发展太阳能产业对于推进循环经济建设和节能减排等具有十分重要的作用。近30年的发展历程,使得中国太阳能产业无论是太阳能热利用还是太阳能光伏发电都取得了巨大快速的发展,但由于缺乏系统规划和相应的政策支持,中国太阳能产业发展过程中暴露出来的弊端也在不断显现,如在太阳能热利用方面的市场不规范、"李鬼"与"李逵"并存、发展后劲不足、恶性竞争以及在太阳能光伏发电领域出现的"墙内开花墙外香"等。那么,政府应该如何推动太阳能产业的发展呢?

1. 现状篇

纵观太阳能产业现状,政府在推动太阳能产业方面的主要措施有以下几个方面:

一是出台了《可再生能源法》。《可再生能源法》第十七条明确规定:鼓励单位和个人安装和使用太阳能热水系统、太阳能供热采暖和制冷系统、太阳能光伏发电系统等太阳能利用系统。

二是出台了《可再生能源"十一五"规划》,明确太阳能产业发展的指导方针是:加快太阳能热水器的普及,在太阳能利用条件良好的地区制定城乡民用建筑安装使用太阳能热水器的强制性措施,在农村地区推广太阳房和太阳灶;通过营造稳定的市场,积极发展太阳能光伏发电;进行必要的太阳能热发电技术研发和试点示范。发展目标是:到2010年,太阳能热水器累计安装量达到1.5亿平方米,太阳能发电装机容量达到30万千瓦,进行兆瓦级并网太阳能光伏发电示范工程和万千瓦级太阳能热发电试验和试点工作,带动相关产业配套生产体系的发展,为实现太阳能发电技术的规模化应用奠定技术基础,并对太阳能热利用、太阳能光伏发电、太阳能热发电进行布局规划。

三是出台了相关标准,从实验、管理、产品等方面对现有太阳能热水器的品种、售后服务、安装验收等进行全方位的规范,构成了一个基本完善的热水器技术标准体系。与此同时,中环认证、金太阳认证、驰名商标、国家免检、中国名牌纷纷将太阳能行业纳入其中。

四是一些地区出台了相应的政策,一方面是强制安装政策,另一方面是财政补贴政策。

2. 借鉴篇

通过对国外发达国家政府在太阳能产业发展中的策略和思路的分析，可以发现其主要做法有如下几个方面：

一是提供补贴。如法国将为国民购买太阳能热水器提供补贴。法国环境与能源管理局将在未来几年里每年投资1220万欧元，宣传使用太阳能热水器的好处，培训太阳能热水器安装修理人员。在美国，也出台了相应的节能法规，购置太阳能热水器等节能设备，居民该项支出额的30%可以抵所得税。在德国，居民安装每平方米太阳能集热器，政府补贴105欧元。

二是推行强制安装。2006年，西班牙开始颁布太阳能热水器强制安装政策，出台了《城市太阳能法令》和《国家建筑技术法令》，要求所有有热水供应系统的新建筑和旧建筑的改造以及游泳池都必须安装太阳能热水器，并要求达到30%～70%以上的太阳能保证率。

三是提供税收支持。如美国2005年的《能源政策法案》，为家庭与商业性的太阳能系统购买提供了一个30%的裸税减免政策。这些减免政策本来在2007年到期，但为了应对高油价和缓解不断增强的国际能源危机，鼓励太阳能的运用，美国政府把原先2005年《能源政策法案》中生效两年期的太阳能减税政策再延长8年时间。

总体来说，在推动太阳能产业发展方面，国外比较成功的做法有三个：①采取政府导向的形式，扶持节能环保的可再生能源，抑制传统能源的使用，比如采用征收排放税等经济杠杆，力求尽早实现传统能源结构的改变；②通过政策鼓励机构和家庭安装太阳能发电装置，并将“绿电”输送到国家电网；③加大技术创新力度，一方面降低成本，缩小太阳能发电与传统电力的价格差距，另一方面改变原料结构，有效减少甚至消除原料提炼过程中的污染物排放。

3. 策略篇

结合我国太阳能产业的实际情况，借鉴国外成功的经验，政府在推动太阳能产业发展的过程中应该从如下几个方面着手：

一是做好产业规划。对于整个太阳能产业的发展，一定要合理规划，避免恶性竞争和重复建设。与此同时，要进行正确引导。作为政府相关部门，要善于培育大品牌、大企业，利用大品牌企业的拉动来提升太阳能行业。此外，要推广太阳能与建筑一体化。对于政府来说，引导和政策推动是关键。

二是出台相关补贴政策。通过对消费者的补贴，利用消费拉动来促进太阳能行业的发展。

三是出台相关激励政策。在税收政策、光伏并网以及太阳能电价定价机制等方面进行激励。

四是完善配套措施。作为政府，在太阳能产业的发展过程中，需要对产业链和产业的可持续发展进行布局规划，需要完善产业配套体系。一方面，要强化太阳能人才教育。目前，中国太阳能行业人才的现状与太阳能产业的快速发展不匹配，缺乏相应的专业人才培养体系，没有建立太阳能人才库，这就要求相关部门考虑在太阳能的人才教育培训方面完善相应的制度和体系。另一方面，要引导企业进行技术升级。

五是引导与协调。作为政府来说，在太阳能产业发展过程中要善于引导和协调，如引导太阳能企业树立品牌意识和塑造品牌(因为许多太阳能企业起点低)；利用政策杠杆进行调节，引导太阳能企业进行整合，让大资本进入太阳能产业，进而带动整个行业的发展。同时，要协调太阳能企业在发展过程中的问题，如鼓励太阳能企业开拓国际市场、鼓励太阳能企业参与重大工程建设、协调太阳能产业内部发展问题等等。

总之，本着“政府扶持产业，产业回报社会，社会普及环保，环保惠及子孙”的思路，政府在太阳能产业的发展过程中需要引导，需要支持，让太阳能在中国不仅有产业，更有市场。政府要通过正确的推动来进一步培育中国太阳能产业的核心竞争力，进而让太阳能产业获得持续健康的发展，能有效应对能源短缺和气候变化这一长期而艰巨的挑战。

练习与提高

1. 20世纪以来，太阳能科技发展历史经历了哪几个阶段？
2. 太阳能热水器由哪几个部分组成？各部分的作用是什么？
3. 太阳能热泵的优势有哪些？
4. 太阳能电池有什么优点？
5. 太阳能空调与常规空调相比具有哪些优点？
6. 太阳能自行车与摩托车相比具有哪些优点？
7. 太阳能的开发利用必须解决哪些技术问题？
8. 简述我国太阳能热利用概况。
9. 目前，光伏电产品主要应用于哪些方面？
10. 我国光伏电产业发展经历了哪几个阶段？
11. 我国光伏电产业与发达国家相比仍存在很大的差距，主要表现在哪些方面？

第五单元

新能源与社会进步

教学目标

1. 了解温室效应、酸雨、臭氧层破坏和热污染的概念，明确温室效应的特点、后果，酸雨的危害性，热污染的产生及环境保护的重要性。
2. 了解我国《可再生能源中长期发展规划》，明确新能源与社会经济发展的关系。
3. 了解能源安全和中国能源安全战略及新格局下的新能源安全观。

随着世界经济发展和人口的增加，能源需求越来越大。在正常情况下，能源消费量越大，国民生产总值也就越高，能源短缺会影响国民经济的发展，成为制约持续发展的因素之一，许多发达国家曾有过这样的教训。如 1974 年世界能源危机，美国能源短缺 1.6 亿吨标准煤，国民生产总值减少了 930 亿美元；日本能源短缺 0.6 亿吨标准煤，国民生产总值减少了 485 亿美元。据分析，由于能源短缺所引起的国民经济损失约为能源本身价值的 20～60 倍。因此，不论哪一个国家，哪一个时期 若要加快国民经济发展，就必须保证能源消费量的相应增长；若要经济持续发展，就必须走可持续的能源生产和消费道路。

课题一 环境问题

知识要点

1. 温室效应
2. 酸雨
3. 臭氧层破坏
4. 热污染
5. 新能源与环境保护

一、温室效应

想一想

什么是温室效应?温室效应具有哪些特点?

温室效应又称“花房效应”,是大气保温效应的俗称,它指透射阳光的密闭空间由于与外界缺乏热交换而形成的保温效应,就是太阳短波辐射可以透过大气射入地面,而地面增暖后放出的长波辐射却被大气中的二氧化碳等物质所吸收,这样就使地表与低层大气温度增高,从而产生大气变暖的效应。因其作用类似于栽培农作物的温室,故名“温室效应”。

(一)温室效应的特点

生活中我们可以见到的玻璃育花房和蔬菜大棚就是典型的温室。使用玻璃或透明塑料薄膜来做温室，是让太阳光能够直接照射进温室，加热室内空气,而玻璃或透明塑料薄膜又可以不让室内的热空气向外散发,使室内的温度保持高于外界的状态,以提供有利于植物快速生长的条件。

在空气中,氮和氧所占的比例是最高的,它们都可以透过可见光与红外辐射。但是,二氧化碳不能透过红外辐射,因此二氧化碳可以防止地表热量辐射到太空中,具有调节地球气温的功能。如果没有二氧化碳,地球的年平均气温会比目前降低 20℃。然而,二氧化碳含量过高,又会使地球仿佛捂在一口锅里,温度逐渐升高,形成温室效应。

形成温室效应的气体中,二氧化碳约占75%,氯氟代烷约占15%～20%,此外还有甲烷、一氧化氮等 30 多种气体。

温室效应主要是由于现代化工业社会过多燃烧煤炭、石油和天然气，这些燃料燃烧后放出大量的二氧化碳进入大气造成的。二氧化碳具有吸热和隔热的功能，它在大气中增多的结果是形成一个无形的玻璃罩，使太阳辐射到地球上的热量无法向外层空间发散，其结果是地球表面变热。因此，二氧化碳也被称为温室气体。

（二）温室效应的后果

空气中的二氧化碳在过去很长一个时期里含量基本上保持恒定，这是由于大气中的二氧化碳始终处于边增长、边消耗的动态平衡状态。大气中的二氧化碳有 80%来自人和动、植物的呼吸，20%来自燃料的燃烧。散布在大气中的二氧化碳有 75%被海洋、湖泊、河流等地面的水及空中降水吸收溶解于水中；还有 5%的二氧化碳通过植物光合作用，转化为有机物贮藏起来，这就是多年来二氧化碳始终保持占空气成分 0.03%(体积分数)不变的原因。

一方面，随着人口的急剧增加，工业的迅速发展，呼吸产生的二氧化碳及煤炭、石油、天然气燃烧产生的二氧化碳远远超过了过去的水平，再加上地表水域逐渐缩小，降水量大大降低，减少了吸收溶解二氧化碳的条件，破坏了二氧化碳生成与转化的动态平衡，就使大气中的二氧化碳含量逐年增加；另一方面，由于对森林乱砍滥伐，大气中应被森林吸收的二氧化碳没有被吸收，加之大量农田建成城市和工厂，破坏了植被，减少了将二氧化碳转化为有机物的条件，二氧化碳逐渐增加，就使地球气温发生了改变，温室效应也不断增强。

温室效应会带来以下几种严重恶果：①地球上的病虫害和传染疾病增加；②海平面上升；③气候反常，海洋风暴增多；④土地干旱，沙漠化面积增大。

说一说

温室效应会给我们带来哪些严重后果?

据分析，在过去的 200 年中，大气中二氧化碳浓度增加了 25%，地球平均气温上升了 0.5℃。估计到 21 世纪中叶，地球表面平均温度将上升 1.5～4.5℃，在中、高纬度地区温度上升更多。如果二氧化碳含量比现在增加一倍，全球气温将升高 3～5℃，两极地区可能升高 10℃，气候将明显变暖，不可避免地使极地冰层部分融化，引起海平面上升，许多沿海城市、岛屿或低洼地区将面临海水上涨的威胁，甚至被海水吞没。如果海平面升高 1 米，则直接受影响的土地约有 500 万平方千米，人口约 10 亿，占世界耕地总量的 1/3。如果考虑到特大风暴潮和盐水侵入，沿海海拔 5 米以下地区都将受到影响，而这些地区的人口和粮食产量约占世界的 1/2。一部分沿海城市可能要迁入内地，大部分沿海平原将发生盐渍化或沼泽化，不适于粮食生产。同时，江河中下游地带也将造成灾害，当海水入侵后，会造成江水水位抬高，泥沙淤积加速，洪水威胁加剧，使江河下游的环境急剧恶化。气温升高，将导致某些地区雨量增加，某些地区出现干旱，飓风力量增强，出现频率也将提高，自然灾害加剧。20 世纪 60 年代末，非洲下撒哈拉牧区曾发生持续 6 年的干旱，由于缺少粮食和牧草，牲畜被宰杀，饥饿致死者超过 150 万人。这是温室效应给人类带来灾害的典型事例。因此，必须有效地控制二氧化碳含量的增加，控制人口增长，科学使用燃料，加强植树造林，绿化大地，防止温室效应给全球带来的巨大灾难。

科学家预测：如果地球表面温度的升高按现在的速度继续发展，到 2050 年，全球温度将上升 2～4℃，南、北极的冰山将大幅度融化，导致海平面大大上升，一些岛屿国家和沿海城市将淹于水中，其中包括几个著名的国际大城市：纽约、上海、东京和悉尼。

（三）抑制温室效应的对策

虽然迄今为止，我们无法提出有效的解决对策，但是退而求其次，至少应该想尽办法努力抑制二氧化碳排放量的增长，不可听天由命、任其发展。

首先，暂定 2050 年为目标。如果按照目前这种情势发展下去，综合各种温室效应气体的影响，预计地球的平均气温届时将要提升 2℃以上。一旦气温发生如此大幅提升，地球的气候将会发生重大变化。因此，当今之计，莫过于竭尽所能采取对策，尽量抑制气温上升的趋势。目前国际舆论也在朝此方向不断进行呼吁，而各国的研究机构亦已提出各种具体的对策。

1. 全面禁用氟氯碳化物。这个方案最具实现可能性，倘若此方案能够实现，对于 2050 年为止的地球温暖化，估计可以发挥 3%左右的抑制效果。

2. 保护森林的对策方案。今日以热带雨林为主的全球森林正在遭到人为持续不断的急剧破坏，有效的对策便是赶快停止这种毫无节制的森林破坏，同时实施大规模的造林工作，努力促进森林再生。倘若各国认真推动节制砍伐与森林再生计划，到了 2050 年，可能会使整个生物圈每年吸收的二氧化碳降低 7%左右的温室效应。

3. 汽车使用燃料状况的改善。此项努力所导致的结果是化石燃料消费削减，到 2050 年，可使温室效应降低 5%左右。

4. 改善其他各种场合的能源使用效率。今日人类生活到处都在大量使用能源，其中尤以住宅和办公室的冷、暖气设备为最。因此，对于提升能源使用效率方面仍然具有大幅改善余地，这对2050 年的地球温暖化，预计可以达到 8%左右的抑制效果。

5. 对石化燃料的生产与消费按比例征税。这个办法可以促使生产厂商及消费者在使用能源时有所警惕，避免作出无谓的浪费，而其税收可用于森林保护和替代能源的开发。

6. 鼓励使用天然瓦斯作为当前的主要能源。天然瓦斯较少排放二氧化碳，但其抑制温室效应的效果并不太大，只有1%左右。

7. 汽油机车的排气限制。由于汽油机车的排气中含有大量的氮氧化物与一氧化碳，因此希望减少其排放量。这种做法虽然无法达到直接削减二氧化碳的目的，但却能够产生抑制臭氧和甲烷等其他温室效应气体的效果。预计到2050年，可使温室效应降低2%左右。

8. 鼓励使用太阳能。推动太阳能利用的“阳光计划”。这个办法能使化石燃料用量相对减少，因此对于降低温室效应具备直接效果。到2050年，有4%左右的抑制温室效应的效果。

9. 开发替代能源。利用生物能源作为新的干净能源，以取代石油等既有的高污染性能源。

10. 使用生物能源。燃烧生物能源也会产生二氧化碳，这点和化石燃料相同，不过生物能源是从大自然中不断吸取二氧化碳作为原料，故可成为重复循环的再生能源，达到抑制二氧化碳浓度增长的效果。

温室效应和全球气候变暖已经引起了世界各国的普遍关注，目前正在推进制定国际气候变化公约，减少二氧化碳的排放已经成为大势所趋。

二、酸雨

被大气中存在的酸性气体污染，pH值小于5.65的降水叫“酸雨”。

（一）酸雨的形成

酸雨是一种复杂的大气化学和大气物理现象。酸雨中含有多种无机酸和有机酸，绝大部分是硫酸和硝酸。工业生产、民用生活燃烧煤炭排放出来的二氧化硫、燃烧石油以及汽车尾气排放出来的氮氧化物，经过云内成雨过程，即水汽凝结在硫酸根、硝酸根等凝结核上，发生液相氧化反应，形成硫酸雨滴和硝酸雨滴；又经过云下冲刷过程，即含酸雨滴在下降过程中不断合并吸附、冲刷其他含酸雨滴和含酸气体，形成较大雨滴，最后降落在地面上，形成了酸雨。我国的酸雨是硫酸型酸雨。

（二）酸雨的危害性

硫和氮是营养元素。弱酸性降水可溶解地面上的矿物质，供植物吸收。如酸度过高，pH值降到5.6以下时，就会产生严重危害。酸雨可以直接使大片森林死亡，农作物枯萎；也会抑制土壤中有机物的分解和氮的固定，淋洗与土壤离子结合的钙、镁、钾等营养元素，使土壤贫瘠化；还可使湖泊、河流酸化，并溶解土壤和淤泥中的重金属进入水中，毒害鱼类；同时，加速建筑物和文物古迹的腐蚀和风化过程；危及人体健康。

（三）酸雨的治理措施

控制酸雨的根本措施是减少二氧化硫和氮氧化物的排放。

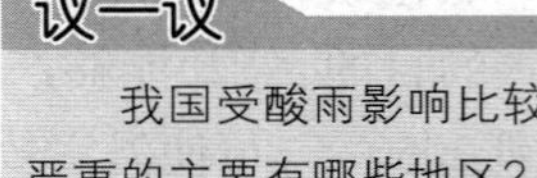

我国受酸雨影响比较严重的主要有哪些地区？

世界上酸雨最严重的欧洲和北美的许多国家，在遭受多年的酸雨危害之后，终于都认识到，大气无国界，防治酸雨是一个国际性的环境问题，不能依靠一个国家单独解决；必须共同采取对策，减少硫氧化物和氮氧化物的排放量。经过多次协商，1979 年 11 月在日内瓦举行的联合国欧洲经济委员会的环境部长会议上，通过了《控制长距离越境空气污染公约》，并于 1983 年生效。该《公约》规定，到 1993 年底，缔约国必须把二氧化硫排放量削减为 1980 年排放量的 70%。欧洲和北美（包括美国、加拿大）等 32 个国家都在公约上签了字。为了实现许诺，多数国家都已经采取了积极的对策，制定了减少致酸物排放量的法规。

目前，世界上减少二氧化硫排放量的主要措施有：

（1）原煤脱硫技术。可以除去燃煤中大约 40%～60%的无机硫。

（2）优先使用低硫燃料。如含硫较低的低硫煤和天然气等。

（3）改进燃煤技术。减少燃煤过程中二氧化硫和氮氧化物的排放量。

（4）对煤燃烧后形成的烟气在排放到大气中之前进行烟气脱硫。目前主要用石灰法，可以除去烟气中 85%～90%的二氧化硫气体。不过，该方法脱硫效果虽好，但十分费钱。例如，在火力发电厂安装烟气脱硫装置的费用达电厂总投资的 25%之多，这也是治理酸雨的主要困难之一。

（5）开发新能源。如太阳能、风能、核能等。

三、臭氧层破坏

在距离地球表面 20～25 千米的高空，因受太阳紫外线照射的缘故，形成了包围在地球外围空间的臭氧层，这臭氧层正是人类赖以生存的保护伞。人类真正认识臭氧还是在 150 多年以前，德国化学家先贝因首次提出，在水电解及火花放电中产生的臭味同在自然界闪电后产生的气味相同，他认为其气味为“OZEIN”（希腊文，意为“难闻”），由此将其命名为“OZONE”（臭氧）。

自然界中的臭氧大多分布在距地面 20～50 千米的大气中，我们称之为

"臭氧层"。臭氧层中的臭氧主要是紫外线制造出来的。众所周知,太阳光线中的紫外线分为长波和短波两种,当大气中的氧分子(含量为21%)受到短波紫外线照射时会分解成原子状态。氧原子的不稳定性极强,极易与其他物质发生反应,如与氢反应生成水,与碳反应生成二氧化碳。同样,与氧分子(O_2)反应时就形成了臭氧(O_3)。臭氧形成后,由于其比重大于氧气,会逐渐地向臭氧层的底层降落。在降落过程中,随着温度的变化(上升),臭氧的不稳定性日趋明显,再受到长波紫外线的照射,再度还原为氧。臭氧层就是保持了这种氧气与臭氧相互转换的动态平衡。

在这么广大的区域内到底有多少臭氧呢?估计小于大气的十万分之一。如果把大气中所有的臭氧集中在一起,仅仅有3厘米厚的一层。那么,地球表面是否有臭氧存在呢?回答是肯定的。太阳的紫外线大概有近1%部分可达地面,尤其是在大气污染较轻的森林、山间、海岸周围的紫外线较多,存在比较丰富的臭氧。

此外,雷电作用也会产生臭氧,分布于地球的表面。正因为如此,雷雨过后,人们会感到空气格外清新。人们也愿意到郊外的森林、山间、海岸去呼吸大自然清新的空气,在享受自然美景的同时,让身心来一次"洗浴",这就是臭氧的功效。所以有人说,臭氧是一种干净清爽的气体(臭氧有极强的氧化性,少量的臭氧会使人感到精神振奋,但过强的氧化性也使其具有杀伤作用)。

在距离地球表面15～50千米的平流层中含有大量的臭氧,能有选择地吸收短波太阳辐射能,这种吸收作用将对人体和其他生物有致癌和杀伤作用的紫外线和X射线等短波辐射能在到达地面前大部分加以吸收,从而使人类免受其伤害。近年来,由于氟利昂的大量使用,使臭氧层的平衡受到干扰。氟利昂到达大气上层后,在紫外线照射下分解出自由氯原子,氯原子能与臭氧发生反应,使臭氧分解,从而使臭氧层受到严重破坏。据分析,平流层中的臭氧减少1%,到达地面的紫外线强度便增加2%。由于人类活动的影响,目前大气中的臭氧含量已减少了3%,到2025年可能减少10%。臭氧层的破坏,将使紫外线等短波辐射增强,导致皮肤癌患者增加,同时给自然生态系统带来严重影响。因此,维护臭氧层的平衡已成为一个全球性的环境问题。

四、热污染

环境污染是现代热点问题之一,它越来越成为影响人类生存、制约社会进步的一个重要因素。毒液、毒气、噪声、电磁、放射、光、重金属、废水等污染源是人们所熟知的。近年来,人们又注意到另一种污染已悄悄走到了身边,这就是热污染。

热污染是异常热量的释放或被迫吸收产生的环境“不适”造成的，它包括异常气候变化带来的多余热量，也包括各种有害的人为热。它的存在，导致了全球变暖、干旱地区增多、沙化严重、气候变异等危害。因此，热污染将成为一种更可怕的污染源。

（一）异常气候变化能够导致强大的热浪侵袭

说一说

热污染是怎样产生的？

1. 近年来，太阳活动频繁，到达地球的太阳辐射量发生改变，大气环流运行状况随之亦发生变化。太阳黑子活动强烈时，经向环流活跃，南北气流交换频繁，冬冷夏热。如在1987年7月，一场持续8天的热浪袭击希腊，使雅典郊区温度猛增至45℃，从而导致900余人丧生。这是由于太阳活动变异导致的。

2. 由于全球气候变暖，空气中水汽相对较少，干旱地区明显增多，土地干裂，河流干涸，沙化严重。全世界每年都有超过600多万公顷的土地变成沙漠，尤其是在副热带干旱区和温带干旱区，由于地面状况的改变，使这些地区的太阳辐射强度大，而且地表对太阳辐射的吸收作用明显增强，实质上又为地球大面积的增温起到了一定的推动作用。因此，从某种意义上说，全球变暖与干旱地区日益扩大有着很大的关系。

3. 随全球平均温度的上升，森林出现自燃现象并引发森林大火，同时向大气释放大量热量和二氧化碳，最终又直接或间接地导致全球大气总热量的增加，破坏了生态平衡，并给人类带来无法估量的损失。全世界每年有几百万公顷的原始森林被破坏，从而极大地削弱了森林对气候的调节作用。我国是森林火灾的多发地区，仅1987年大兴安岭森林大火，过火面积就达101万公顷，70万公顷原始森林毁于一旦，经济损失达5亿元之多。

4. 由于大气环流原因，改变了大气正常的热量输送，赤道东太平洋海水异常增温，厄尔尼诺现象增强，导致地球大面积天气异常，旱涝等灾害性天气增多。

5. 火山爆发频繁，大量的地热和温室气体的释放也直接或间接地对地球气温变化起到了推波助澜的作用，而地震、风暴潮等灾害又严重影响了人类的生产和生活。

（二）直接或间接人为热的释放是另一重要原因

1. 二氧化碳等温室气体的释放。工业的迅速发展，使各种燃料消费剧增，其产生的大量二氧化碳等温室气体被释放到大气之中，温室效应显著增加，加速了地球大气平均温度的增高，造成了全球热量平衡的紊乱。例如，南极浮动冰山顶部大量积雪融化，企鹅失去了赖以产卵和孵化幼仔的地方，致使群居在此处的企鹅数目大减。

2. 工业生产(如钢铁厂、化工厂、染布厂、造纸厂等)和居民生活(如电或气等燃料)向大气排放了大量的废热水、废热气等,它们含有大量的废热,排放后可以使地面、水面等下垫面增温,还可以直接使大气增温,从而影响局部地区的气候。不仅如此,因废热水中含氧量很低,可导致水生生物的死亡,但厌氧菌却能适应这种环境而大量繁殖,并使有机物腐败,影响生态平衡,危害严重。如由于发电厂排放的废热水,导致四川沱江白马河段数十万条鱼缺氧致死或被热水烫死。

随着全球经济的发展,必然会有更多形式的多余热量释放到大自然中,将直接或间接影响到人类的生存空间,严重者甚至会危及人类的生命,如近几年曾出现过的很多致死、致病病毒(如某种脑膜炎变形虫、疯牛病毒等)的滋生繁衍。这使我们意识到,在发展的同时,应注意控制热污染。

阅读材料

全球十大环境问题

当前,威胁人类生存的十大环境问题是:

1. 全球气候变暖

由于人口的增加和人类生产活动的规模越来越大,向大气释放的二氧化碳(CO_2)、甲烷(CH_4)、一氧化二氮(N_2O)、氯氟碳化合物(CFC)、四氯化碳(CCl_4)、一氧化碳(CO)等温室气体不断增加,导致大气的组成发生变化,大气质量受到影响,气候有逐渐变暖的趋势。

由于全球气候变暖,将会对全球产生各种不同的影响。较高的温度可使极地冰川融化,海平面每10年将升高6厘米,因而将使一些海岸地区被淹没。全球变暖也可能影响到降雨和大气环流的变化,使气候反常,易造成旱涝灾害,这些都可能导致生态系统发生变化和破坏。全球气候变化,将对人类生活产生一系列重大影响。

2. 臭氧层的耗损与破坏

在离地球表面10~50千米的大气平流层中集中了地球上90%的臭氧气体。在离地面25千米处臭氧浓度最大,形成了厚度约为3厘米的臭氧集中层,称为"臭氧层"。臭氧层能吸收太阳的紫外线,以保护地球上的生命免遭过量紫外线的伤害,并能将能量贮存在上层大气,起到调节气候的作用。但臭氧层是一个很脆弱的大气层，如果进入一些破坏臭氧的气体，它们就会和臭氧发生化学反应，使臭氧层遭到破坏。

臭氧层被破坏，将使地面受到紫外线辐射的强度增加，给地球上的生命带来很大的危害。研究表明，紫外线辐射能破坏生物蛋白质和基因物质脱氧核糖核酸，造成细胞死亡；使人类皮肤癌发病率增高；伤害眼睛，导致白内障甚至使眼睛失明；抑制植物如大豆、瓜类、蔬菜等的生长；能穿透10米深的水层，杀死浮游生物和微生物，从而危及水中生物的食物链和自由氧的来源，影响生态平衡和水体的自净能力。

3. 生物多样性减少

《生物多样性公约》指出，生物多样性"是指所有来源的形形色色的生物体，这些来源包括陆地、海洋和其他水生生态系统及其所构成的生态综合体，它包括物种内部、物种之间和生态系统的多样性"。在漫长的生物进化过程中会产生一些新的物种，同时，随着生态环境条件的变化，也会使一些物种消失。所以说，生物多样性是在不断变化的。

近百年来，由于人口的急剧增加和人类对资源的不合理开发，加之环境污染等原因，地球上的各种生物及生态系统受到了极大的冲击，生物多样性也受到了很大的损害。有关学者估计，世界上每年至少有5万种生物物种灭绝，平均每天灭绝的物种达140；21世纪初，全世界野生生物的损失达其总数的15%～30%。在中国，由于人口增长和经济发展的压力，对生物资源的不合理利用和破坏，生物多样性所遭受的损失也非常严重，大约已有200个物种已经灭绝；估计有5000种植物在近年内已处于濒危状态，约占中国高等植物总数的20%；还有398种脊椎动物也处在濒危状态，约占中国脊椎动物总数的7.7%左右。因此，保护和拯救生物多样性以及这些生物赖以生存的生活条件，同样是摆在我们面前的重要任务。

4. 酸雨蔓延

酸雨是指大气降水中酸碱度(pH值)低于5.65的雨、雪或其他形式的降水，这是大气污染的一种表现。

酸雨对人类环境的影响是多方面的：酸雨降落到河流、湖泊中，会妨碍水中鱼、虾的成长，导致鱼虾减少或绝迹；酸雨还导致土壤酸化，破坏土壤的营养，使土壤贫瘠化，危害植物的生长，造成作物减产，危害森林的生长。此外，酸雨还腐蚀建筑材料。有关资料说明，近十几年来，酸雨地区的一些古迹特别是石刻、石雕或铜塑像的损坏超过以往百年甚至千年以上。世界目前已有三大酸雨区，我国华南酸雨区是唯一尚未治理的。

5. 森林锐减

在今天的地球上，我们的绿色屏障——森林正以平均每年4000平方千米的速度消失。森林的减少，使其涵养水源的功能受到破坏，造成了物种的减少和水土流失，对二氧化碳的吸收减少，进而加剧了温室效应。

6. 土地荒漠化

全球陆地面积占60%，其中沙漠和沙漠化面积达29%。每年有600万公顷的土地变成沙漠，经济损失每年达423亿美元。全球共有干旱、半干旱土地50亿公顷，其中33亿公顷遭到荒漠化的威胁，致使每年有600万公顷的农田、900万公顷的牧区失去生产力。人类文明的摇篮底格里斯河、幼发拉底河流域由沃土变成荒漠，中国的黄河流域水土流失亦十分严重。

7. 大气污染

大气污染的主要因子为悬浮颗粒物、一氧化碳、臭氧、二氧化碳、氮氧化物、铅等。大气污染导致每年有30万～70万人因烟尘污染提前死亡，2500万儿童患慢性喉炎，400万～700万的农村妇女儿童受害。

8. 水污染

水是我们日常最需要也是接触最多的物质之一，然而就是水如今也成了危险品。

9. 海洋污染

人类活动使近海区的氮和磷增加了50%～200%，过量营养物导致沿海藻类大量生长，波罗的海、北海、黑海、东中国海等出现赤潮。海洋污染导致赤潮频繁发生，破坏了红树林、珊瑚礁、海草，使近海鱼虾锐减，渔业损失惨重。

10. 危险性废物越境转移

危险性废物是指除放射性废物以外，具有化学活性或毒性、爆炸性、腐蚀性和其他对人类生存环境存在有害特性的废物。美国在《资源保护与回收法》中规定，危险废物是指一种固体废物和几种固体的混合物，因其数量和浓度较高，可能造成或导致人类死亡率上升，或引起严重的难以治愈疾病或致残的废物。

五、新能源与环境保护

一路攀升的油价迫使人们将目光聚集到寻找替代能源上，而新能源产业正迎合了这种高速增长的需求。值得关注的是：政府多次出台政策支持我国新能源的发展，尤其是在党的十七大上，更是明确提出要大力发展可再生能源。现在投资者每年都要在可再生能源上投入数十亿美元，乙醇、生物柴油以及太阳能等能源能够减少世界对石油的依赖。相信在政策推动下，太阳能、风能、生物能、核能等新能源的产业化规模将不断扩大，具有规模优势及资源优势的新能源企业将有更大的发展空间。可以预见，蕴涵着巨大财富的新能源产业即将呈现高速增长态势。根据我国的发展规划测算，可再生能源产业未来 15 年将培育近 2 万亿元的新兴市场。面对潜在的广阔市场，新能源产业的未来发展无疑一片坦途。

但是，开发这些替代能源无意中可能会产生一些环境及经济后果，这些副作用甚至会抵消它们所能带来的种种益处。如果发展新能源不按照《环境保护法》行事，同样也存在环境保护危机。

议一议

保护环境有什么重要意义？

资料显示，世界的多晶硅严重短缺，过去几年，其价格从每千克 20 美元上升到每千克 300 美元。中国的企业急于填补这个缺口。由于有大量风险投资，加上有急于寻找干净的替代能源的政府所提供的优厚条件，20 多家公司开始在中国兴建多晶硅生产厂。这些新厂的总生产能力估计有 8 万～10 万吨，几乎是目前全球产量的 2 倍多。然而，生产多晶硅的副产品——四氯化硅却是高毒物质。专家说，用于倾倒或掩埋四氯化硅的土地将变成不毛之地，草和树都不会在这里生长，它具有潜在的极大危险，不仅有毒，还污染环境。除此之外，硅电池的前道工艺涉及扩散炉，带酸性和碱性的气体会直接排放到空气中。正如业内专家所指出的，无论是什么企业，只要生产，就必须清洁生产，保护环境，绝不能因为是国家鼓励的新能源企业就忽视对环境的投入，任何企业都必须按照环境保护的法律法规行事。

政府部门在加强环境治理上要下工夫、动真格，不仅要抓产业调整和科技创新，还要抓环境执法；不仅要切实关停那些污染严重的企业，就是对新能源的发展同样也要进行环评，对其污染行为更不能听之任之；要彻底清理地方政府制定的环境保护土政策，并加强环境保护的监督管理，对情节严重的责任人追究刑事责任。只有在实际工作中不折不扣地贯彻落实中央的环境保护方针政策和法律法规，才能不断推进资源节约型、环境友好型社会建设的进程，才能实现经济又好又快发展。

课题二

新能源与经济发展

知识要点

1. 新能源为经济发展提供重要支撑
2. 解读《可再生能源中长期发展规划》
3. 新能源与资源节约型社会和环境友好型社会

目前，中国正处于经济高速增长期，对能源需求呈现出大数量、高质量、多种类的态势。新中国成立60年来，能源工业取得了长足发展，为国家经济建设做出了重大贡献。20世纪90年代以来，随着我国国民经济持续、快速发展，经济增长对能源提出了更高要求。

在2003年，对中国的“环境污染是否严重影响经济发展的基础”这一调查指标中，中国排名第27位；到了2004年，排名下降到了第59位。因此，我们不得不承认一个基本事实：中国的经济增长是以牺牲环境和对资源、能源的过度消耗为代价的。依据1999年的数据，中国每百万美元GDP的二氧化碳工业排放量是3077.7吨，是同期日本的11.8倍、印度的1.4倍。可见，中国的环境竞争力是非常低下的。可以想见，中国未来的经济增长若继续依靠这种环境污染、能源消耗和低工资所支持的发展道路，是难以维系的、不可持续的。在这一背景下，党的十六大报告提出“走新型工业化的道路，创建循环经济与节约型社会”的发展战略已是迫在眉睫的必然选择。随着科学技术的进步，对能源要求的标准越来越高，清洁能源日益受到人们的欢迎。

经济社会的发展必然伴随着能源消费的快速增长。中国人口众多，能源消耗基数巨大，能源问题对中国而言显得尤为紧迫且必须面对。能源保障的压力很大，只有通过不断开发利用新能源的方式，开辟新的能源供应途径，有效增加新能源供应量，才能从根本上保障能源供应，缓解能源供给压力。

一、新能源为经济发展提供重要支撑

新能源除具有清洁环保的特征外，还可以降低对煤炭、石油运输的过分依赖，保障能源安全。在石油危机频频出现后，发达国家通过实施能源多元化战略，积极促进可再生能源和新能源的发展，降低石油在能源结构中的比重。目前，新能源产业在我国还是新兴的弱小产业。国家环保总局副局长潘岳曾在《环境保护与社会公平》一文中指出，中国新能源的发展缓慢：以核能、太阳能、风能和沼气为代表的新能源年增长速度虽然已超过30%，但是，“中国的能源消费结构仍以煤为主，新能源的发展速度和水平远远低于大多数发达国家”。

想一想

为什么说我国新能源的发展速度和水平远远低于大多数发达国家？

为什么会出现这种现象呢？其根本原因是新能源生产成本高。以太阳能为例，它的生产成本是传统能源的5～10倍，在没有额外补贴时，企业是没有能力和动力去做这样的非理性投资的。与此相应，太阳能、风能所带来的电力在市场上更是不具备竞争力。有人曾经测算，风力发电要在每度电价格为0.6元以上才具有投资吸引力，但是这样高的价格早吓跑了消费者。

为推动新能源发展，促进我国经济实现又好又快地发展，不少专家学者建议，可以设立新能源专项发展基金，倡导绿色消费，实行“有保有压”政策，即今后一方面通过抑制属于污染型的化石能源的发展来促进绿色新能源产业的大发展，另一方面积极开展对新能源高新技术企业的认定，通过税收优惠政策鼓励新能源企业加大研发投入。比如，加大能源领域的研发投入，通过招标形式调动产学研各方的力量攻克新能源关键技术；与发达国家签订新能源技术交流与合作协定，为新能源技术的引进创造良好的国际合作环境；对新能源技术的引进实行进口税减免政策，对于引进的新能源高端技术人才给予优厚补贴。除了政府的引导和投入外，还应完善新能源高科技企业的融资机制，帮助这些企业突破发展瓶颈。对于发展较好的新能源企业，可予以重点扶持，为其在国内外上市融资创造条件。

其实，我国新能源分布广泛，根据初步的资源评价，我国可再生能源资源潜力巨大，主要有水能、风能、太阳能和生物能。其中，可开发水能资源约4亿千瓦，5万千瓦及以下的小水电资源量为1.25亿千瓦，遍及全国的1600多个县（市）；我国的风能资源也比较丰富，主要分布在东南沿海及附近岛屿，以及内蒙古、新疆、东北、华北北部、甘肃、宁夏和青藏高原部分地区，海上风能资源也非常丰富，总计可安装风力发电机组10亿千瓦；我国2/3的国土面积年日照时间在2200小时以上，属于太阳能利用条件较好的地区；农业废弃物等生物能资源也分布广泛，每年可作为能源使用的数量相当于5亿吨标准煤。

既然新能源代表着发展的方向是不容置疑的，我国又有丰富的新能源，那么当前的关键就是要提高认识，加大投入，提升新能源的研发能力，不断降低新能源的生产成本，让广大消费者自觉地选用新能源。这不仅可以有效地降低环境污染，有利于我国建设环境友好型社会，还可以促进我国经济实现又好又快地发展，最终造福于人民。

二、解读《可再生能源中长期发展规划》

2007年8月31日，国家发展改革委员会下发了《关于印发〈可再生能源中长期发展规划〉的通知》。国家已制定了《"十一五"能源发展规划》，为什么又要单独针对可再生能源颁布一个中长期规划呢？

制定《可再生能源中长期发展规划》对我国的未来非常重要。《"十一五"能源发展规划》与《可再生能源中长期发展规划》的区别是：前者是5年时间的规划，包括所有的不可再生能源和可再生能源；后者着重讲可再生能源的利用问题，并且是15年左右的长期规划。目前，我国能源结构以煤为主，资源、环境问题突出，为贯彻落实科学发展观，实现可持续发展，专门制定一个中长期可再生能源发展规划，对我们国家的未来非常重要。

过去的100多年间，在西方工业化进程中消耗的资源量已经占全球的60%左右。中国现在将近70%的能源消费依靠煤，这样的能源结构给我国带来很大压力，包括减少温室气体排放的压力。人类面临着可持续发展能源的挑战，中国是一个负责任的大国，必须充分利用可再生能源调整能源结构。《可再生能源中长期发展规划》提出了从现在到2020年期间我国可再生能源发展的目标，即力争到2010年使可再生能源消费量占到能源消费总量的10%，2020年提高到15%。

可再生能源对我国来讲有一些特别的意义：第一，中国幅员辽阔，很多边远地区和农村还没有纳入电网的覆盖中，所以可再生能源的使用可以带动这些农村地区的发展；第二，中国的经济结构要转型，增长方式要转变，发展可再生能源是产业和技术发展的一个新的重点；第三，在可再生能源领域，世界面临着很多共同的新技术创新问题，中国在建设创新型国家的过程中有条件抓住机遇，在可再生能源技术领域实现较快发展。

我国可再生能源的发展目标是什么？其资源的总体情况是怎样的？按照近期通过的《可再生能源中长期发展规划》，今后15年，我国可再生能源发展的总目标是：提高可再生能源在能源消费中的比重，解决偏远地区无电人口用电问题和农村生活燃料短缺问题，推行有机废弃物的能源化利用，推进可再生能源技术的产业化发展。

根据《可再生能源中长期发展规划》，今后一个时期，我国可再生能源发展的重点是水能、生物能、风能和太阳能。

近年来，世界经济发展速度加快，全球能源需求迅速增长，能源、环境和气候变化问题日益突出，大力开发利用可再生能源资源，减少化石能源消耗，保护生态环境，减缓全球气候变暖，共同推进人类社会可持续发展，已成为世界各国的共识。

说一说

我国可再生能源将重点发展哪些领域？

进入 21 世纪以来，我国的工业化、城镇化进程加快，经济持续较快增长，能源需求不断增加。2006 年，我国能源消费总量为 24.6 亿吨标准煤，其中煤炭消费量占 69%，能源消耗和环境污染成为制约我国发展的重要因素。

为了促进可再生能源发展，增加能源供应，优化能源结构，保护环境，积极应对气候变化，我国颁布实施了《可再生能源法》，制定了《可再生能源中长期发展规划》，提出了可再生能源发展的指导思想、基本原则、发展目标、重点领域和保障措施。

我们将加快可再生能源电力建设步伐，到 2020 年建成水电 3 亿千瓦、风电 3000 万千瓦、生物发电 3000 万千瓦、太阳能发电 180 万千瓦；积极鼓励太阳能热利用技术的应用，到 2020 年建成太阳能热水器面积 3 亿平方米；继续推广户用沼气和畜禽养殖场沼气工程，加快生物成形燃料的推广应用，到 2020 年实现沼气年利用 440 亿立方米、生物成形燃料 5000 万吨；积极发展非粮生物液体燃料，到 2020 年形成年替代 1000 万吨石油的能力。

中国政府将采取强制性市场份额、优惠电价和费用分摊、资金支持和税收优惠、建立产业服务体系等政策和措施，积极支持可再生能源的技术进步、产业发展和开发利用，努力实现《可再生能源中长期发展规划》提出的到 2020 年可再生能源消费量达到总能源消费量 15%的目标。

有人担心大规模发展生物液体燃料会影响粮食供应和价格，产生与民争粮问题，影响粮食安全。那么，该如何处理好发展生物液体燃料和粮食安全的关系问题呢？

世界上用玉米生产生物燃料的做法比较普遍，而我国的土地资源非常有限，应通过发展非粮作物和植物发展生物燃料，做到不占用粮田，不影响粮食安全。

我国发展乙醇等生物燃料，不是用玉米，而主要是用非粮食的物质，比如甜高粱、小桐籽、文冠果等植物。这些植物大多生长在盐碱地、荒地、荒山上，可将它们转变成生物柴油、生物乙醇等生物燃料。

我国现有 4 个企业利用粮食生产乙醇，每年的产量在 102 万吨左右，但使用的主要是储备粮中时间比较久的陈化粮。102 万吨乙醇中，有 80 多万吨是用玉米生产的，还有 20 万吨是用其他粮食和薯类植物生产的。

2010 年，我国非粮生物乙醇的产量超过 200 万吨；到 2020 年，计划达到 1000 万吨，非粮生物柴油产量达到 200 万吨左右，使生物燃料总产量达到 1200 万吨。

发展可再生能源意义重大，但我国可再生能源产业规模还很小。试问，我国可再生能源发展面临哪些困难和问题?国家将如何确保规划目标的实现?

我国现在的可再生能源规模很小，只有约 8%。发展中的困难也很大，这些困难概括起来有两个：第一是资源分散，能量密度低，如秸秆生物原料分散在农村的千家万户；第二是技术不够成熟，开发利用成本高，所以比化石能源的价格要贵一点。

为了克服困难，我国政府主要采取以下五项措施来应对这些困难：

第一，在政策上加以积极引导，这包括价格政策。政府鼓励使用风能和太阳能，成本高出常规能源的部分在全国分摊，这就是费用分摊机制。

第二，采取财政和税收的优惠政策，包括建立专项基金给予补助，也包括减免税收。

说一说

为了发展可再生能源，我国政府主要采取了哪些措施?

第三，培育市场。市场是十分关键的，市场的培育也包括对市场份额的强制和对市场环境的改善。比如，建筑商、房地产开发商要逐步在房地产开发中安装一些利用太阳能的构件等。

第四，加强可再生能源开发的能力建设，主要是指对这个方面的科研的投入、教育的投入以及人才的培养。

第五，加强对可再生能源的意义、利用方法和途径的宣传，提高全社会公民的意识，提高全民参与的程度。

水电是重要的可再生能源，中国将如何开发好水电能源?

大型水电建设有利于减少大气污染，对环境的影响是可控的。中国将在非常注意环保和解决好移民的前提下，有规划地开发水电。

中国的水能资源能够用于发电的在 5.4 亿千瓦左右，主要分布在中国的西南部，如四川、云南、广西、贵州，还有西藏的部分地区。到 2006 年底，实际开发的水电在 1.29 亿千瓦左右。按照《可再生能源中长期发展规划》，中国计划到2020年开发3亿千瓦左右的水电。

三、新能源与资源节约型社会和环境友好型社会

（一）资源节约型社会

资源节约型社会是指在生产、流通、消费等领域，通过采取法律、经济和行政等综合性措施，提高资源利用效率，以最少的资源消耗获得最大的经济和社会收益，保障经济社会可持续发展。建设资源节约型社会，其目的在于追求更少的资源消耗、更低的环境污染、更大的经济和社会效益，实现可持续发展。此中"节约"具有双重含义：其一，是相对浪费而言的节约；其二，是要求在经济运行中对资源、能源需求实行减量化，即在生产和消费过程中，用尽可能少的资源、能源（或用可再生资源），创造相同的财富甚至更多的财富，最大限度地充分回收利用各种废弃物。这种节约要求彻底转变现行的经济增长方式，进行深刻的技术革新，真正推动经济社会的全面进步。

（二）环境友好型社会

环境友好型社会就是一种以环境资源承载力为基础、以自然规律为准则、以可持续社会经济文化政策为手段，致力于倡导人与自然、人与人和谐的社会形态。全社会都采取有利于环境保护的生产方式、生活方式、消费方式，建立人与环境良性互动的关系。就中国而言，环境友好型社会的基本目标就是建立一种低消耗的生产体系、适度消费的生活体系、持续循环的资源环境体系、稳定高效的经济体系、不断创新的技术体系、开放有序的贸易金融体系、注重社会公平的分配体系和开明进步的社会主义民主体系。

议一议

新能源与环境友好型社会的关系。

环境友好型社会提倡经济和环境双赢，实现社会经济活动对环境负荷的最小化，并将这种负荷和影响控制在资源供给能力和环境自净容量之内，形成良性循环。反过来，良好的环境也会促进生产，改善生活，实现人与自然和谐。建设环境友好型社会，就是要以环境承载力为基础，以遵循自然规律为准则，以绿色科技为动力，倡导环境文化和生态文明，构建经济社会环境协调发展的社会体系，实现可持续发展。

课题三

能源安全

知识要点

1. 能源安全概况
2. 中国国家能源安全战略
3. 倡导新格局下的新能源安全观

一、能源安全概况

想一想

什么是能源安全呢?

能源安全是指为保障对一国经济社会发展和国防至关重要的能源的可靠而合理的供应。

能源供应暂时中断、严重不足或价格暴涨对一个国家经济的损害,主要取决于经济对能源的依赖程度、能源价格、国际能源市场以及应变能力(包括战略储备、备用产能、替代能源、能源效率、技术力量等)。

为确保能源供应所付出的代价,即外部成本,有时远远超过能源售价。例如,美国为确保中东石油供应而投入该地区的巨额军事和经济援助,每桶原油平均支出的费用约为原油市场价格的 3 倍。

1973 年第一次石油危机后,在美国的倡导下成立了国际能源机构(IEA)。这是发达国家保障能源安全的联合行动,其宗旨是成员国共同采取措施,控制石油需求,在紧急情况下分配石油,并规定成员国有义务储备相当于 90 天净进口量的石油。

阅读材料

八国集团简介

1. 成立

1975 年,经法国倡议,法、美、英、德、日、意六国在巴黎召开第一次首脑会议。1976 年,加拿大参加第二次首脑会议,始称“七国集团”。1997 年,俄罗斯加入七国集团，遂成为“八国集团”。

2. 宗旨

从成立之初到20世纪80年代中期，该集团以协调主要发达国家宏观经济政策和汇率政策、稳定国际金融市场、应对经济危机为宗旨。20世纪80年代后期以来，随着国际形势的演变，国际政治、经济领域出现了许多新问题，讨论议题逐渐扩大到国际政治、安全、社会、贫困、环境等领域，包括信息技术、转基因食品安全、文化冲突等前沿性问题。

3. 成员

8个。

4. 组织结构

八国集团是一个论坛性组织，无常设机构。

5. 主要活动

其核心和基础是每年一次的首脑会议及其他各层次会议，包括外长会晤，财长、央行行长会晤和磋商，劳工、内政、司法、商务、能源等部长级会议，领导人的个人代表或私人助理会议，工作组、专家组、任务小组及一系列关于世界经济、政治等综合性或专题性研讨论坛等。首脑会议由成员国轮流举行。八国集团主席国依次为日本、意大利、加拿大、法国、美国、英国、俄罗斯和德国。

6. 同中国的关系

2003年，八国集团主席国法国总统希拉克邀请胡锦涛主席出席八国集团峰会期间举行的南北领导人非正式对话会议。此后，中国与八国集团的关系在财政、金融、能源、卫生和教育等领域也取得了一些进展，双方合作进一步加强。

2004年10月1日，中国财政部部长和中国人民银行行长同八国集团财长和央行行长在美国华盛顿举行了首次非正式对话。此后，双方财长和央行行长及其副手多次对话，建立了经常性对话机制。

2005年，胡锦涛主席应英国首相布莱尔邀请出席了在英国鹰谷举行的八国集团同中国、印度、巴西、南非、墨西哥五国领导人对话会（“8+5对话会”），讨论了世界经济形势、气候变化、国际贸易以及国际发展合作等问题。

2006年，胡锦涛主席应俄罗斯总统普京邀请出席了在俄罗斯圣彼得堡举行的八国集团同发展中国家领导人对话会，讨论了全球能源安全、传染病防控、教育、非洲发展等问题。此外，中国还应邀全面参与了该集团能源、卫生、金融、财政部长级会议。

2007年，胡锦涛主席应德国总理默克尔邀请出席了在德国海利根达姆举行的八国集团同中国、印度、巴西、南非、墨西哥五国领导人对话会（“8+5对话会”），讨论了跨国投资、创新与知识产权保护、能效、气候变化、非洲发展等问题。此外，中国还应邀全面参与了该集团金融、财政、发展、环境、能效等部长级会议。

二、中国国家能源安全战略

没有哪一个国家能够在能源供应不足的情况下维持国家实力的稳定上升。鉴于能源供应不足可能成为中国崛起的最大障碍之一，能源安全在中国大战略中的地位悄然上升，并越来越成为中国战略考虑的重心之一。在全球化浪潮中，中国将越来越多地参与到国际能源大市场中去，制定新的能源战略势在必行。由此，中国能源面临的巨大挑战也是显而易见的。中国能源安全不仅是一个国内保障供应的经济问题，而且是一个关乎国际能源供求和能源地缘政治的战略问题。

说一说

我国能源安全战略主要包括哪些方面？

未来数十年里，全球油气资源供应充足，油气供需发展的总体态势会越来越安全，中国的积极参与可以改善和加强世界能源安全体系，提高中国的国际影响力，因此油气进口将成为中国的重要战略武器。从中国的角度来看，利用国际石油资源是中国优化能源结构和确保能源安全的现实选择和必由之路，中国应该树立走出国门、分享国际油气能源的战略思想，加大利用国际资源的力度，以最终保证中国未来中长期的油气资源供应，增进能源安全。

（一）建立稳定的石油安全机制

中国能源安全的基本方针是“大力开发两种资源，充分利用两个市场”，即首先要立足于国内能源资源，不能完全依赖国际市场的供应；其次要抓住经济全球化的国际机遇，积极参与和开发国际能源资源。无论从经济发展的目标，还是从环境保护的目标来看，调整和改善中国长期以来煤炭在能源中占绝对优势的能源结构，促进能源开发和利用的多样化都是中国可持续能源战略的必由之路。面对石油、天然气等优质能源需求不断增长的必然趋势，逐步增加石油进口以弥补国内供需缺口几乎已成定局。鉴于此，建立稳定的石油安全机制至为关键。我们强调，中国应进一步扩大对海外市场的战略性石油投资，以此建立稳定的进口石油安全机制，实现平时中资油田向国际市场出售石油、特殊时期仅向中国市场供给石油的目标。同时，加强与产油区相关国家的合作，开辟稳定的能源供给新基地，确保油气资源来源的多元化，从来源上减少能源供应的脆弱性。

（二）建立蛛网式能源战略通道

中国应下大工夫加紧蛛网式战略通道的建设，有效降低中国在海上石油运输被中断所导致的脆弱性，减少对西太平洋战略通道的依赖。在这个问题上，中外分析家都强调了输油管道的潜在战略利益。首先，加强中国南海石油的开发，并着手建设通往缅甸的石油运输管道。南中国海有石油资源 235 亿吨、天然气资源 10 亿立方米，是重要的战略资源基地，中国应加强与东南亚相关国家在南中国海石油开发上的合作。其次，加强东北亚能源合作，建设东西伯利亚—中国—韩国—日本的天然气管道，以及西西伯利亚—中亚—中国—日本的石油管道建设。再次，充分利用上海合作组织，加强和中亚国家以及俄罗斯的能源合作。中国对中亚和俄罗斯能源资源的投资，能够为中国提供避开美国海军控制的航道石油供应线，降低中国由于中东石油供应阻碍甚至中断所造成的脆弱，而且中国的陆上军事优势将发挥积极作用。此外，建设从俄罗斯、哈萨克斯坦等中亚国家到中国的输油管道，可以确保中国能源供应来源多元化，从而保障中国的能源安全。战略通道事关中国的经济安全和国家核心利益，中国应不遗余力地建设蛛网式战略通道，并大幅度提高确保战略通道畅通的能力。战略通道的建设将是一项投资大、风险大、见效慢的事业，应发挥中央政府在战略通道建设中的主体作用，完善以国家银行为主体的政府投资和融资体系，在投资规模和信贷规模上应重点向战略运输通道的建设倾斜，集中必要的财力、物力，保障重点建设项目。

（三）加强国际能源合作

加强国际能源合作可以增进整体的能源安全，降低区域内或全球范围内的能源价格，建立互利的能源安全共同体。首先，从油气进口国的角度看，中国能源安全战略的制定，必须考虑亚太地区其他能源短缺国家尤其是日本、韩国的需求。亚太地区在全球原油消费量中所占比重基本维持在 28%左右，但是亚太已探明的石油可采储量仅占世界的 4.2%，石油产量占世界的 10.5%。中、日、韩都是世界主要石油消费大国，日本和韩国基本不生产石油，日本石油年进口量达 2 亿吨以上，韩国年进口量达 1 亿吨以上，中国 2005 年进口量也超过 1 亿吨，目前三国进口均依赖中东地区。在激烈的石油市场竞争中，中国的石油安全越来越与这些国家休戚相关，所以应该加强与它们的能源对话，共同探讨解决地区油气短缺的方案与措施，避免区域能源冲突与恶性竞争。其次，从油气产地国的角度看，中亚、俄罗斯油气资源丰富，已经与中国开展了积极的能源合作对话。中国应该促使能源合作纳入上海合作组织的框架，更加积极地促进中亚合作，参与远东能源开发，使得远东到中国东北的石油天然气管道成为联结中亚和东北亚的纽带，获得更大的安全系数。中国可以参与建立区域能源共同体，以促成包括中国、俄罗斯、日本、韩国、朝鲜、东盟国家等在内的区域能源安全体系。其基本途径是:加强与东亚进口国的合作,争取共同开发周边国家和地区如中亚、俄罗斯的油气资源,共同开发中东的油气资源,共同建设输油管道和战略通道,减少经济、政治风险。东亚能源安全共同体不仅可以解决能源问题,亦可以此为契机解决其他战略问题。

(四)适时建立战略石油储备

石油储备分为战略石油储备和商业石油储备。战略石油储备不承担平抑油价的作用,国家只有在石油供应中断等紧急时刻才会动用这一储备。在石油价格动荡的时候,相关企业也要在正常的周转库存外建立和增加相应的商业储备,作为对国家战略石油储备的重要补充。战略石油储备具有商业储备无法取代的特殊作用,当国际石油供应突然发生中断或国际油价暴涨危及国家安全与社会经济正常运转时,战略石油储备的动用往往具有抗拒风险、保障安全、平衡供需、抑制油价的功能。平时,战略石油储备对稳定国际油价、影响石油输出国的政策、调整市场心态亦具有不可忽视的静态威慑作用。概言之,战略石油储备是一个国家对应政治和军事危机最重要的工具,被视为减轻能源安全脆弱性的关键武器。作为一种防御性的威慑力量,战略石油储备的作用丝毫不次于核武器。根据国际能源署的要求,其成员国必须拥有至少90天纯进口量的战略石油储备,这是加入该组织最为关键的条件。目前,中国的石油储备尚处于初级阶段,长输管线储存量为2～5天,铁路运输储存量为7～15天,水路运输储存量为15～25天,石油系统内部原油的综合储存量为21.6天,都是生产性的库存,没有战略储备性库存。中国石油工业"十五"规划制定了"立足国内、开拓国际、加强勘探、合理开发,厉行节约、建立储备"的方针,首次提出逐步建立和完善国家战略石油储备体系,以提高应对突发事件的能力,保障国家石油供应的安全性。根据美国、日本等发达国家的经验,石油储备从开始建设到真正发挥作用至少需要10年以上的时间,因此,及早建立中国石油储备体系可以减少经济代价,有利于中国在国际政治、经济活动中处于主动地位。专家建议,借鉴外国相关经验,应以立法先行,合理确定规模,分区域、分步骤实施的方式逐步建立。

(五)加强能源管理的制度建设

能源安全问题是一个系统工程,既要关注国际影响,更应重视内部建设。中国需要一个综合协调的负责机构,统一协调能源决策。自1992年取消了能源部以来,中国没有一个单独的中央政府部门负责能源政策和管理事务。国家发展改革委员会能源局是目前处理能源问题的核心机构,下设综合处、石油天然气处、煤炭处、电力处以及新能源处,外加国家发展改革委员会直属的国家石油储备办公室。目前，与能源相关的管理、开发以及研究职能分散在国家发展改革委员会、国土资源部、水利部、国家电力监管委员会、国家环境保护总局、科技部、中国工程院等相关部门，各部门之间的职能划分并不清晰。即使在国家发展改革委员会内部，节能也不在能源局的管辖范围之内，而是归口环境与资源综合利用司负责。这不仅使得职能极度分散，而且往往在政策制定时只见部门，不见国家。我们建议，成立一个具有实际协调能力的中央能源主管部门，以便确立对能源安全、石油进口、天然气开发、电力改革、能源环境保护等领域的整体协调。

阅读材料

我国能源供需总体由偏紧转为宽松

国家发展改革委员会最新发布的工业运行报告指出，中国能源供需总体状况已经由偏紧转为宽松。

统计表明，2008年中国规模以上企业原煤产量为26.2亿吨，比上年增长12.8%，增幅同比提高3.4个百分点。煤炭出口4543万吨，下降14.6%；进口4040万吨，下降20.8%；净出口503万吨，比上年增加288万吨。

报告指出，2008年上半年受连续发生的重大自然灾害影响，加之需求旺盛，中国煤炭市场供应总体偏紧，价格持续攀升。8月份以后，随着需求增势减缓，煤炭市场供求形势趋于宽松，价格逐步回落，主要用户和中转港口煤炭库存持续增加。年末，全社会煤炭库存2.01亿吨，比上年末增加5195万吨。

数据显示，2008年中国发电量34047亿千瓦时，比上年增长5.5%，增幅同比回落9.4个百分点。年末，全国发电装机容量7.9亿千瓦，同比增长10.3%。全社会用电量同比增长5.2%，增幅同比回落9.2个百分点。

统计表明，2008年中国原油产量18973万吨，同比增长2.3%，增幅同比提高0.7个百分点；原油进口17888万吨，同比增长9.6%；原油加工量34207万吨，同比增长3.78%，同比回落2.7个百分点；天然气产量761亿立方米，同比增长12.3%，同比回落6个百分点。

报告指出，国际油价自2008年3月份开始快速攀升，最高时达到147.27美元/桶。8月份以后，油价大幅下跌，国内成品油供应状况也从上半年较为紧张转为趋于宽松，年末两大集团成品油库存上升至历史高位。(来源：新华网　2009-02-06)

三、倡导新格局下的新能源安全观

（一）八国峰会，各国各显其能

2006年7月，俄罗斯政府借主导八国首脑峰会之机提出了“能源安全”新概念，推动八国首脑通过了《圣彼得堡能源安全行动计划》。其要点是：为了确保全球能源市场的透明度、可预见性和稳定性，有必要按照输出国和消费国均能接受的价格进行长期、可靠和无损于生态环境的能源供应，更积极地推广节能计划与可替代能源，实现平衡、稳定的能源保障；八国集团和国际社会应为开发创新技术开展密切合作，以建立未来能源保障技术的基础，提高能源利用效益。

当今世界的两大主题——和平与发展的实现，都与能源有关。能源安全当属非传统安全，但是它会影响到传统的军事安全，也会影响国际关系。近些年来，许多国家都因能源问题而引起争端，能源问题若处理不好，会严重影响国家间的关系，特别是大国之间的关系，进而影响地区局势的稳定。

如何解决能源安全问题是摆在当今世界各国面前的一个重大课题。有些国家用传统现实主义的思维方式来看待能源问题，对一些发展中国家增大能源需求指手画脚，鼓噪“能源威胁论”，似乎只有它们才有资格消费地球上的能源，通过限制别国的需求来保证自己的供给。这种做法是不可取的，不但不能有效地维护国际能源安全，反而会引发冲突，破坏世界和平。

在维护国际能源安全上，各国不应着眼于对现有能源市场的分割和对既得利益的维护，而应当着眼于把蛋糕做大，着眼于开发新能源并提高能源利用效率，着眼于能源可持续发展。在这方面，世界各国特别是工业国和正在走向工业化的国家是有巨大共同利益和合作潜力的，各国在开源节流方面所涉及的技术、政策、管理等都应该相互学习，取长补短。随着科学技术的进步，新能源会不断涌现，从薪柴时代到煤炭时代，再到石油时代，表明能源会随着社会生产力的进步而更新换代。就目前来看，可供人类选择的能源很多，除了最常用的石油和煤炭外，还有诸如核能、水能、风能、太阳能、天然气、沼气、生物能源等，其中只是石油的供需矛盾比较突出。若国际社会能够加强沟通与合作，在合理利用石油、开发其他能源上共同努力，国际能源安全就会有保障，由能源问题所带来的对世界和平与发展的潜在威胁就可以消除。

（二）美日欧能源战略调整

近年来，原油价格快速攀升并持续维持高位，国际能源争夺愈演愈烈，美日欧加快调整各自的能源战略，昭示着世界能源领域的“政治经济学”日益复杂，全球能源形势正在经历深刻演变，我们亟须从战略高度重视和深入思考。

1. 美国——提高能源供应自主性。布什总统于2005年8月8日签署了《2005年国家能源政策法》(以下简称《新能源法》)。《新能源法》起草历时5年之久，尽管反对者批评它偏袒少数利益团体，但支持者坚持该法案可以减少对进口石油的依赖，可大大增强美国能源自主供应能力。这是美国10多年来通过的第一部能源法案，标志着美国能源战略调整进一步深化。

过去30年来，美国经济总量增加了126%，而能源消耗仅增加26%。《新能源法》要求提高所有能源密集型产业的能效，特别支持提高能源利用效率的努力，如新型照明系统等。在2015年前，降低联邦建筑能耗20%，为包括学校和医院在内的公共建筑提供资金，实施能源效率计划。2005～2007财政年度，每年向"低收入住房援助计划"拨款34亿美元，扩展"能源之星"计划，以政府和工业部门合作的方式促进节能产品的生产与开发。

在商业活动中设定新的最低节能标准，并通过提供退税补贴，鼓励节能产品的生产和消费，支持购买新一代节能型汽车。美国政府已确定从2007年起把夏令时时间再增加4周，延长至7个月；未来5年内为可再生能源项目提供超过30亿美元的资金；重新批准可再生能源生产激励计划，为太阳能、地热能、生物质能的开发提供资助；拨款1000万美元发展水电，增加现有水电站的效率及发电量；修改有关水电的法律，使之不与现行环保法规相抵触；引导联邦政府使用可再生能源，到2013年可再生能源要占全部能源的75%以上；制定新的《可再生能源安全法案》，为住宅采用多样化可再生能源系统提供资金支持。

联邦政府拨出18亿美元专款，用于开展符合环境检测标准的煤电计划，资助可显著减少温室气体排放的煤炭发电技术，其中至少60%的资金用于煤炭气化技术。授权能源部长动用30亿美元实施《清洁大气煤炭纲要》，为煤炭生产和发电提供便利，同时安装污染控制设备，使火力发电装置符合《清洁大气法案》框架的排放标准。5年内拨款215亿美元，使氢动力汽车在2020年前投入实际运用。建立必要的基础设施，保证氢燃料的运输安全。建立跨部门的氢燃料研究小组及顾问委员会。《新能源法》打破了1979年三哩岛核电站泄露事件后的禁令，要求5年内恢复核发电。增加天然气供应，要求天然气发电量从目前占总发电量的16%增加到约36%。

实施混合动力方案和电力转化纲要，通过使用混合燃料和转化技术，创新传统内燃机系统，减少交通工具的尾气排放。为《先进车辆发展计划》提供2亿美元资金，鼓励地方政府采用替代燃料和电动汽车、混合动力汽车及超低硫燃料汽车。

《新能源法》在主要着眼于美国国内能源改革的同时，也要求美国加强国际合作，包括向发展中国家提供技术支持，减少全球温室效应等。布什总统在宣传《新能源法》的过程中一再强调，美国将与中国、印度等能源消费大国开展能源合作项目，包括向这些国家推广洁净高效的能源技术，以减轻其对世界能源供给造成的压力。

2. 日本——终极目标是"脱石油"。在当前能源消费格局中，尽管日本效率最高，但作为一个经济大国、资源小国，面对新的能源形势，日本仍然加快了能源政策的战略性调整步伐。20 世纪 90 年代中后期，日本能源消费开始趋于稳定，目前为世界第四大石油消费国、第五大能源消费国。日本能源消费总量预计在 2021 年左右达到峰值，其后将缓慢下降。日本将着力在建设世界最先进的能源供求结构和促进能源供应多样化方面，通过能源八大战略减少对石油的依赖。

2006 年 8 月，日本经济产业省编制了以保障能源安全为核心的《新国家能源战略》，日本的能源政策将进入一个转折期。《新国家能源战略》在分析总结世界能源供需状况的基础上，突出了今后 25 年日本能源八大战略及有关配套政策，使日本能源发展战略目标更为清晰。

一是节能先进基准计划。制定支撑未来能源中长期节能的技术发展战略，优先设定节能技术领先基准，加大节能推广政策支持力度，建立鼓励节能技术创新的社会体制，显著提高能源效率，到 2030 年能源效率比目前提高 30%。

二是未来运输用能开发计划。降低汽车燃油消耗，促进生物燃料、天然气液化合成油等新型燃料的应用，推动燃料汽车的开发普及，使运输对石油的依存度从目前的 98%减少到 80%左右。

三是新能源创新计划。提出支持新能源产业自主发展的政策措施，支持以新一代蓄电池为重点的能源技术开发，促进未来能源（科技产业）园区的形成。2030 年以前使用太阳能发电的成本与火力发电相当，生物能发电等区域自产自销性能源得到有效发展，区域能源自给率得以提高。

四是核能立国计划。以确保安全为前提，继续推进供应稳定、基本不产生温室气体的核电建设。2030 年核电比例从目前的 29%提高到 30%～40%，并争取更高。

五是能源资源综合确保战略。积极有效地利用政府援助贷款，促进投资交流和人员交往，全面强化有关资源国关系。制定能源确保战略，整合政府资源，积极支持承担资源开发任务的核心企业，提高石油自主开发比例。

六是亚洲能源环境合作战略。以能源需求不断增加的中国、印度为重点，以节能为主要合作领域，并在煤炭有效利用及安全生产、新能源及核电等方面，积极与亚洲各国开展能源、环境合作，促进共同发展。

七是强化国家能源应急战略。以成品油储备为重点，完善现有的以石油为中心的能源储备制度，研究建立天然气应急储备机制，充实完善能源应急对策。

八是引导未来能源技术战略。研究并突出未来能源技术具体战略纲要，明确政府投入方向，引导民间资源积极参与，推动全社会共同努力，使日本在未来能源技术，尤其在先进节能技术方面处于领先地位。

3. 欧盟——突出强调节能。为了积极应对全球油价迅速攀升的形势，2005年6月，欧盟委员会发表了题为“能源效率——用较少的资源办更多的事”的绿皮书，提出了保证未来欧盟能源安全的主要对策：一是提高能源效率；二是着力提升欧盟能源产业的国际竞争力。据绿皮书估计，采用高效低耗方式，可使目前欧盟国家能源消耗总量降低 20%，相当于德国和芬兰能源消耗总量，可每年节约 600 亿欧元，平均每个家庭节约 200～1000 欧元。为了提高能源效率，对相应技术、设备和服务进行投资，估计每年可创造 100 万个高质量的就业岗位。欧盟委员会针对当前节能方面的主要问题，如市场激励机制不健全、缺乏有力的金融支持、节能技术信息不畅等，采取了一系列具体政策，充分发挥市场机制的作用，调动欧盟、各国政府、企业、地方、个人的积极性，形成欧盟各层面的共同行动计划，以最终实现节能 20%的目标。

2005 年 4 月，欧盟委员会通过关于能源研发的第七个框架计划建议，把重点放在利用可再生能源发电、燃料生产、清洁煤技术、智能能源网络等方面，力争欧盟在未来 20 年内保持节能技术领先地位。欧盟还加大利用税收和金融手段，近年来通过多项有关节能的税收减免政策，并建议欧洲投资银行、欧盟结构基金等加强对清洁高效的城市交通和公共交通等的支持力度。

欧盟委员会决定把 2007～2013 年欧洲智能能源项目预算大幅提升到 78 亿欧元，用于推广节能技术和可再生能源，消除立法、金融、体制和社会习俗等方面对节能的非技术壁垒。针对不少新节能技术因市场规模有限，难以抵消研发生产成本而无法推广的问题，欧盟决定开放公共采购，利用占 GDP16%的公共采购资金，增加购买清洁车辆等，以有效提高市场对这类产品的信心。欧盟委员会正在全面推广绿色公共采购，要求在公共采购合同中纳入环保条款。欧盟还将投资 360 万欧元，开展“欧盟可持续能源 2005～2008”宣传活动，以提高公众的节能意识，加强节能技术培训和信息交流。

欧盟 2006 年开始实施新的建筑能源使用标准，估计仅此一项到 2020 年即可节约 4000 万吨石油当量的能源。欧盟积极推行绿色照明计划，仅通过更换灯泡平均每个家庭每年即可节约 100 欧元。根据欧盟 21 世纪汽车标准，2008～2009 年度欧盟销售新轿车的油耗与 1998 年相比将减少 25%。

在欧盟的积极推动下，各成员国政府加强对产业能耗的立法限制。地方政府还积极利用欧盟结构基金支持节能项目，特别是为一些地方小型节能项目解决融资问题。欧盟企业界也做出了很多自愿节能承诺。荷兰企业界与政府签署了关于能源效率的基准协定，以企业自愿承诺方式采取节能措施，目前占荷兰总消耗能源90%以上的企业参加了这一协定。

欧盟积极利用节能技术国际领先地位推动国际合作，以扩大自身在制定国际统一能源效率标准方面的发言权，同时为欧盟企业创造商机，进一步提升欧盟能源产业的国际竞争力。据估计，欧盟国家节能技术和服务的出口潜力应不低于可再生能源的出口规模。

（三）中国提出新能源安全观

2006年7月，中国提出了新能源安全观，得到了俄罗斯、法国和其他欧盟国家、印度及美国的积极回应。

中国国家主席胡锦涛提出了中国的能源安全主张：为保障全球能源安全，我们应该树立和落实互利合作、多元发展、协同保障的新能源安全观。他提出，各国应在三个方面进行努力：加强能源开发利用的互利合作，形成先进能源技术的研发推广体系，维护能源安全稳定的良好政治环境。他特别强调，各国应该通过对话和协商解决分歧与矛盾，而不应该把能源问题政治化，更不应该动辄付诸武力。这表明，全球能源安全要求摒弃垄断和霸权，实现能源生产国和消费国的合作共赢。中国的新能源安全观跳出了纯技术观点、学究式的供求关系分析和大国博弈的老套路，把国家间的互利合作、先进能源技术的研发推广体系的建立以及创建能源安全的和谐国际政治环境有机地结合起来，为实现全球能源安全和最终解决能源问题指出了方向。

议一议

中国为什么要提出新能源安全观？

新能源安全观一旦被世界各国普遍接受，将引导各国从能源争夺走向能源合作，能源合作将成为推动国际关系民主化、世界格局多极化和构建和谐世界的强大动力。这是中国提出的新能源安全观的深远历史意义之所在。

阅读材料

石油与战争

——历次中东战争都与石油息息相关

中东的主要问题是阿以冲突问题，阿以冲突的核心是巴勒斯坦问题。表面上看，似乎与石油毫无关系，但实际上每次中东战争都与石油紧密相关。

让我们来回顾一下中东地区的石油战争。

1. 1956年第二次中东战争与石油

1956年第二次中东战争的起因是埃及总统纳赛尔决定从英国人的手里收回苏伊士运河，其根源在于石油。当时，英国等西欧国家经济对海湾石油严重依赖，而大部分石油都必须经苏伊士运河运输，否则须绕过非洲好望角。当时任英国首相的艾登声称："没有苏伊士运河运入的石油，英国和西欧的工业便不能保持正常运转。"所以，为了夺回运河，英、法和以色列于当年10月29日出兵攻打埃及，于是，第二次中东战争爆发。阿拉伯国家给予埃及坚决支持，叙利亚、黎巴嫩和约旦立即切断了输油管道，同时沙特阿拉伯停止向英、法供应石油。阿拉伯国家第一次使用了"石油武器"，石油供应中断给了英、法致命打击……通过这场战争，石油生产国体会到了"石油武器"的威力。

在这一背景下，20世纪60年代，石油生产国在伊拉克巴格达成立了自己的组织——石油输出国组织（OPEC欧佩克），这一组织在以后的国际石油市场发挥了重要作用。

2. 1967年第三次中东战争与石油

1967年第三次中东战争爆发后，阿拉伯国家再一次拿起了"石油武器"——伊拉克、科威特、沙特阿拉伯等国宣布对美国实行石油禁运。可阿拉伯人这次输掉了战争，蕴藏丰富石油的西奈半岛被以色列占领。

3. 1973年第四次中东战争与石油

1973年第四次中东战争中，阿拉伯国家再次动用"石油武器"支援埃及、叙利亚等国。战争爆发不久，阿拉伯国家就一致决定立即实行石油减产计划，逐月减产5%。随后，阿拉伯国家纷纷对美国实行石油禁运。与此同时，阿拉伯国家还大幅提高油价，各国乘机推行石油国有化政策，将西方石油公司股份收归国有。减产、禁运和国有化三大措施导致油价飞涨，从而导致了第二次世界大战后最严重的全球经济危机。

4. 1980年两伊战争与石油

1980年，世界第三大产油国伊拉克和第五大产油国伊朗之间爆发了长达8年的战争。伊拉克和伊朗本来就有尖锐的宗教矛盾和领土争端，而石油因素是引发争端的一个重要因素。20世纪70年代的高价石油为两伊积累了庞大的石油财富，随之而来的就是两国称霸海湾的野心开始急剧膨胀，接着双双大量购买军火武器。此外，伊拉克还对与其接壤的伊朗胡齐斯坦省虎视眈眈，而该省的石油储量几乎占了伊朗石油储量的90%。战争期间，双方都竭力破坏对方的石油设施，轰炸产油基地。两个产油大国间的战争，引起了世界石油市场的动荡和供应紧张，欧佩克油价一度涨至34美元一桶，从而酿成了第二次世界石油危机。

5. 1990年伊拉克欲吞并科威特与石油

1990年伊拉克吞并科威特就是因为科威特有丰富的石油资源，伊拉克想吞并其石油资源。

6. 海湾战争也是石油战

1990年的海湾危机和其后的海湾战争更是一场石油战争。不管是伊拉克吞并科威特，还是美国对伊拉克动武，都与石油利益紧密相关。因此，布什在国会为其出兵海湾辩护说："如果世界上最大石油储备的控制权落入萨达姆手中，那么我们的就业机会、生活方式，我们自己的自由和世界各友好国家的自由都将蒙受灾难。"对美而言，海湾石油就是其国家利益。

海湾战争期间，伊拉克、科威特石油业遭到严重破坏，科威特7000座油井被点燃，导致油价一路飞涨。1990年7月，一桶石油只有14美元，到10月则突破了40美元，布伦特油价一度达42.10美元一桶。不过，这次高油价持续时间并不长，与前两次石油危机相比，对世界经济的影响要小得多。

练习与提高

1. 什么是温室效应？
2. 温室效应会给我们带来哪些严重后果？
3. 目前世界上减少二氧化硫排放量的主要措施有哪些？
4. 什么叫热污染？
5. 为什么说我国新能源的发展速度和水平远远低于大多数发达国家？
6. 我国可再生能源的发展目标是什么？
7. 我国可再生资源的总体情况是怎样的？
8. 为了发展可再生能源，我国政府主要采取了哪些措施？
9. 什么是资源节约型社会？
10. 什么是环境友好型社会？
11. 什么是能源安全？
12. 我国能源安全战略主要包括哪些方面？
13. 中国为什么要提出新能源安全观？